JN257591

若き科学者への手紙

情熱こそ成功の鍵

LETTERS TO A YOUNG SCIENTIST

エドワード・O・ウィルソン
北川 玲 訳

EDWARD O. WILSON

創元社

プロローグ

きみは正しい選択をした

You Made the Right Choice

親愛なる友へ

私は科学の世界で半世紀もの間、学生や若い研究者に教えてきた。才能も意欲もある若者たちの相談に乗る機会に幾度となく恵まれたことは光栄であり、運がよかったと思っている。そのおかげで、科学の世界で成功するために知っておくべき深い知識を得ることができた。哲学と言ってもいい。私が考えたことを、エピソードを交え手紙という形でいろいろ伝えてみたい。きみにとって得るものがあればと願っている。

何よりも先に言っておきたいことがある。自分の選んだ道に踏みとどまり、できる限り先に進めということだ。世界はきみを必要としている——それも非常に、だ。人類は今や完全にテクノサイエンスの時代にある。逆戻りはできない。科学にはさまざまな分野があり、知識の増える速度は分野によって異なるものの、だいたい十五年から二十年の間に倍増している。一六〇〇年代からこの調子で増え続けているため、現代では膨大なものとなっている。しかも、科学知識は十年ごとにほぼ垂直に近い曲線を描いて増えているように思われる。あらゆる爆発的な成長がなんの束縛も受けない場合、時間をかけて描いていく曲線に似ているのだ。テクノロジーも科学と並び、同じペースで進歩している。科学とテクノロジーはみごとな共生関係を作りあげ、我々の生活の隅々にまで浸透している。長期にわたる秘密などというものは存在しない。科学知識は誰でも、どこでも利用できる。インターネットなどのデジタル技術によって、コミュニケーションが瞬時に、世界的に行えるようになった。いずれは科学でも人文学でも、公表された知識すべてがキーをいくつか打つだけで手に入れられるようになるだろう。

こんなふうに書くと、少々熱に浮かされていると思われるかもしれないので（実際はそうではないつもりなのだが）、私が幸運にも関与できた飛躍的進歩の例をひとつご紹介しよう。生物の分類学での出来事だ。つい最近まで、分類学は古くさく活気がないと悪名の高い分野だった。十八世紀の最も有名な科学者としてアイザック・ニュートンと並び称されるスイスの博物学者カール・リンネは一七三五年、類のない大胆な研究プロジェクトを開始した。地球上のありとあらゆる動植物を見つけて分類するというものだ。一七五九年、彼は作業効率を上げるため、どの種にも二つのラテン名をつけ始めた。たとえばイエイヌには *Canis familiaris*、アメリカハナノキには *Acer rubrum* といった具合に。

リンネは自らに課した仕事の大きさを認識していなかった。種の数が十の何乗になるのかもわかっていなかった（つまり一万種、十万種、それとも百万種か）。植物を専門とする彼は、植物は一万種ぐらいだろうと思っていた。種の豊かな熱帯地方を知らなかったのだ。現在知られ分類されている植物は三十一万種、おそらく三十五万種には届くと考えられている。これに動物界と菌界を加えると、種の合計は現在知られているだけで百九十万種を超える。未発見種の存在を考えると一千万に達するとも言われている。生物多様性の「暗黒物質」的存在である細菌は、現在（二〇一三年）一万種程度しか知られていないが、新種が次々に発見されており、いずれは何百万もの種が地球の名簿に新たに加えられそうである。つまり、リンネが生きていた二百五十年前と同じように、今日でも地球上の生物のほとんどは知られていないのだ。

生物多様性について、いまだに未知の深い穴が存在するというのは、専門家だけでなくあらゆる人にとって問題である。多様な生物がいると知らなければ、どうやって地球を持続可能な形で管理していけるだろう？

解決策はないと最近までは考えられていた。科学者が必死に研究を続けても、発見される新種は年に一万八千種ほどしかない。この調子がずっと続くのであれば、地球上に生息する種の多様性の全貌がわかるのに二世紀かそれ以上もかかることになる。リンネがこの作業を始めてから現在に至るまでとほぼ同じ期間だ。新種発見はなぜ進まないのか？　最近までは、問題は技術的なもので解決不可能と考えられていた。歴史的な理由によって、参照すべき標本も、それについて記した文献も、ごくわずかな博物館でしか見ることができず、そのような博物館は西欧や北米のほんの一部の都市に限られている。分類学の基礎研究を行うために、遠い場所にある博物館まで足を運ばなければならないことがしばしばあった。実際に出向かないで事をすませるとなれば、標本と文献を郵送してもらうしかない。だが、これは時間がかかるうえに紛失のリスクが伴う。

二十一世紀を迎える頃、生物学者たちはこの問題を解決できる技術を探し求めていた。二〇〇三年、私はある提案をした。今にして思えば、当たり前のような解決策だ。生物のオンライン百科事典を作り、標本の高解像度のデジタル写真とその種に関するあらゆる情報を載せ、情報を絶えずアップデートしていく。オープンソースとし、新たなエントリーはその生物が属するグループ（たとえばムカデ、キクイムシ、針葉樹など）を専門とする「管理人」がふるいにかける。二〇〇五年までにこのプログラムは資金を与えられ、「海洋生物センサス」というプロジェクトと並行して進めることになった。この結果、生物学のうち正確な分類が求められる分野や、分類学そのものに進展が見られるようになったのだ。今これを書いている時点で、地球上の既知種の半分以上がこのオンライン百科事典（eol.org）に掲載されており、いつでも、どこでも、誰でも無料で見ることができる。

生物多様性の研究が急速に進んだだけで、どの分野でも上を下への大騒ぎとなった。将来テクノサイエンス革命が起きたらいったいどんな事態になるのだろう。どんな部門でも、わずか十年後の予測すらつかない。もちろん、発見がなされ知識が蓄積されていく速度はいずれピークを迎え、安定していく。だが、そんなことはきみにはどうでもいい。革命は少なくとも二十一世紀の末近くまでは続くだろう。その間に、人を取り巻く状況はがらりと変わっているはずだ。伝統的な研究分野は、今日のものさしでは測れないほどの変貌を遂げているだろう。変貌の過程で新たな研究分野が分かれ、独立していく。科学をベースとしたテクノロジー、テクノロジーをベースとした科学、科学とテクノロジーをベースとした産業といった分野だ。そしてやがてはあらゆる科学が融合して記述と説明の連続体となり、教育を受けた者なら誰でも原理と法則という指標によって旅することができるようになるはずだ。

きみに宛てたこの一連の手紙では、従来とは異なる切り口と口調で科学を概観し、科学分野の職業についても書こうと思っている。私自身が研究や教職で実際に経験したことをできる限り中心にすえるつもりだ。きみがこれから科学の道を進んでいくうえで行う挑戦について、期待できる報酬について、リアルに思い描けるような内容にしたい。

若き科学者への手紙
目次

III 科学者としての人生

IV 理論と全体像

V 真実と倫理

LETTERS TO A YOUNG SCIENTIST
Edward O. Wilson

Japanese translation rights arranged with
W. W. Norton & Company, Inc.
through Japan UNI Agency, Inc., Tokyo

＊文中の〔　〕は訳注を表す

I 進むべき道

The Path to Follow

一通目

まずは情熱、それから勉強

First Passion,
Then Training

私が本当はどういう人間なのかを最初に話しておく方がよいだろう。そのためには第二次世界大戦のさなか、一九四三年の夏に舞い戻る必要がある。当時、私は十四歳になったばかりで、アラバマ州の小さな町モービルに住んでいた。戦時中という理由もあって、町のほぼ全体が造船業と空軍基地で占められていた。私は非常事態になりかねない状況を告げるメッセンジャーとして、二度ばかり自転車で町を走り回ったことがあるが、世界で起きている大変な事態には無頓着だった。自由な時間、つまり学校に行っていないときは、ボーイスカウトの最高ランク「イーグルスカウト」になりたくてメリットバッジをせっせと稼いでいたが、それよりも近くの沼や森を探索し、アリやチョウを採集する時間の方がはるかに長かった。家ではさまざまなヘビやクロゴケグモの世話をしていた。

大戦中のため、近所のボーイスカウト・キャンプ、プッシュマタハにはカウンセラー役の若者がほとんどいなかった。採用担当者は私の「課外活動」を聞きつけ、自然について教えるカウンセラーになってくれと言ってきた。おそらく藁にもすがる気持ちだったのだろう。もちろん、私は大喜びした。ただでサマーキャンプに参加でき、いちばんやりたいことをしてほとんどの時間を過ごせるのだから。だが、プッシュマタハに着いてから不安になった。カウンセラーとしては惨めなほど若すぎるうえに、アリとチョウ以外に話せることがない。しかも、参加者のなかには私より年上の者もいる。他の子たちに笑われるのではないか？そのとき私はひらめいた。ヘビだ。たいていの人はヘビを恐れると同時に引きつけられ、本能的に興味をもつ。遺伝子にそう組み込まれているのだ。当時はそうとわからなかったが、アメリカ中南部のメキシコ湾岸は北米で棲息するヘビの種類が最も多く、四十種を超える。そこで私はキャンプに着くとすぐに仲間を集め、木箱と網戸用の網で檻をいくつか作った。そしてキャンプ参加者全員に、時間が空いているときは一緒にヘビ探しをしようと呼びかけた。

その後は平均して日に数回、森のどこかから「ヘビだ！」と叫ぶ声が聞こえてくる。それを聞きつけた者は、仲間に声をかけつつその場に駆けつける。そしてヘビの世話係長である私が呼ばれる。

無毒のヘビならあっさりつかむ。毒ヘビの場合はまず頭のすぐ下を木の枝で押さえつけ、枝を前方に転がし、頭が動かないようにしてから首をつかんで持ち上げる。その場に集まっている者たちにヘビの種を教え、その種についてなけなしの知識を披露する（たいていの場合はごくわずかな知識しかないが、他の子たちは私よりも知らない）。それから皆で本部に行き、ヘビを檻に入れ、一週間ほどそこで暮らしてもらう。この「ミニ動物園」で私はこの辺りにいる昆虫や他の生き物について、新たに知ったことを交えてちょっとした話もした（植物に関しては零点だった）。こうして我々は楽しく夏を過ごしていた。

こうした楽しみに水を差したのは、もちろんヘビだった。後になって知ったのだが、ヘビの専門家は科学者もアマチュアもすべて、少なくとも一度は毒ヘビに咬まれているようだ。私も例外ではなかった。サマーキャンプが半分ほど過ぎたとき、私は小型のガラガラヘビの檻を掃除していた。毒はあるが致命的ではない種だ。手の近くでとぐろを巻いていた一匹がいきなり体を伸ばした。私が思っていたより近くにいたのだ。気づいたときには左の人差し指を咬まれていた。キャンプの近くの病院で応急手当を受けたものの、時間が経ちすぎていたためなんの役にも立たず、左の手から腕まで腫れ上がり、私は家に帰された。一週間後プッシュマタハに戻ってきたとき、「毒ヘビはもう捕まえるな」とキャンプの責任者から命じられた。家でも同じことを両親から言われていた。

サマーキャンプが終わり、皆が帰り支度をしていたとき、カウンセラーの人気投票があった。参加者のほとんどがヘビ狩りを手伝ってくれたため、私はチーフカウンセラーに次いで二位となった。自分のライフワークはこれだと悟ったのはこのときだった。当時はまだ目標がはっきりしていなかったが、科学者になろう、そして教授にもなろうとこのとき思った。

だが、高校時代はほとんど勉強しなかった。戦時中だったこともあり、アラバマ州南部の学校制度は比較的ゆるやかだった。しかも教師は働きすぎで注意力散漫になっていたので、勉強しなくても怒られずにすんだのだ。モービルのマーフィー高校に通っていたある日のことはよく覚えている。手をひと振りしただけでイエバエを二十匹殺し、その死骸を次の授業の目印として自分の机の上にずらりと並べて置いておいたのだ。翌日、先生はすごいわねと褒めてくれたが(とても冷静な若い女性だった)、それからは先生に目をつけられる羽目になった。恥ずかしいことに、高校一年のときの記憶はこれしか残っていない。

十七歳の誕生日を迎えて間もなく、私はアラバマ大学に入学した。父方、母方ともに大学まで進んだ親戚は私が初めてだった。その頃には、興味の対象はヘビやハエからアリに変わっていた。昆虫学者になろうと心に決め、できる限り野外に出ていた。勉強の方はAを取れる程度にはがんばった。Aを取るのはそう大変ではなかったが(今は時代がまったく違う)、化学と生物学については基礎から中級までしっかり学んだ。

一九五一年、ハーバード大学の博士課程に入学した。私は野外生物学と昆虫学に秀でているとみなされ、ここでも寛容に受け入れてもらえた。のどかなアラバマ時代には一般生物学の知識がかなり欠けていたのだが、その穴埋めをさせてもらえたのだ。アメリカ南部で過ごした少年時代から大学まで一貫して培ってきたものがあったため、私はハーバード大の助教授に任命された。それから六十年以上もの間、この偉大な大学で実り多き研究を続けている。

プッシュマタハからハーバードに至る話をしたのは、私のような変わり者がよいというわけではなく（状況によっては強みとなるが）、子どもの頃に学校の勉強をいい加減にやってきたことをよいと言いたいわけでもない。きみとは育った時代が違う。今は昔よりもチャンスは多いが、勉強をしっかりやらないとそのチャンスはつかめない。

昔の話をしたのは、成功した科学者を大勢見てきて、彼らの経歴から気づいたある大切な原則を伝えたかったからだ。それは「勉強よりも情熱を優先させる」というとてもシンプルな原則だ。科学、テクノロジー、または他の科学関連の職業に就いて何をいちばんやりたいのかを自分なりに探す。情熱が続く限り、その熱い思いに従って進んでいく。「知力」を伸ばすために必要な「知識」を仕入れていく。他の科目もかじり、科学全般に関する教養も身につけ、より愛情を注げる対象が現れたときは方向転換する賢さも持ち合わせておくことだ。だが、そういう対象がいつか見つかると期待して、ふらふらと科学の世界を漂っているだけではいけない。見つかる場合もあるが、そのような姿勢に人生を賭けるのはリスクが大きすぎる。他の大きな決断と同じだ。尽きない情熱に支えられて決断し、懸命に学んでいけば、失望することはけっしてないだろう。

二通目
数学

Mathematics

他の話はさておき、まずはきみの職業に欠かせない強みにもなれば、足かせにもなりかねない科目について語っておこう。数学だ。科学者になりたい人たちのなかには、数学が苦手という人も多い。私は数学ができなければだめだとお説教をしたいのではなく、数学嫌いの人を励まし、力になりたい、安心させたいと思ってこれを書いている。きみがもし、たとえば微積分や解析幾何学をちゃんと理解し、パズルを解くのが好きで、対数は桁の異なる変数を表すのに便利だと思えるのであれば安心だ。きみのことはあまり心配しなくても大丈夫だろう、少なくとも今の時点では。ただし、これだけは覚えておいてほしい。数学に強ければ科学の世界で成功間違いなしというわけではない。そんな具合にはいかないのだ。この点についてはあとでもう一度書くから、この手紙を流し読みしないでもらいたい。じつは、数学好きの人々に特に言っておきたいことがいろいろある。

いっぽう、もし数学が少々苦手でも、たとえ非常に苦手であっても、気を楽にしてほしい。数学の苦手な科学者はきみだけではけっしてないのだから。きみを励ますために、科学界の秘密をひとつ明かそう。今日、成功している世界の科学者のなかには数学が申し訳程度にしかできない人が大勢いる。この逆説はたとえ話で説明した方が理解しやすいだろう。拡大していく科学の領域において、エリート数学者は理論の構築を行うことが多いのに対し、その他大勢の基礎科学者や応用科学者はその領域の地図を作り、未開拓地を偵察し、道を切り開き、それに沿って最初の建物を建てていく。問題を明らかにするのは彼らであり、その解決に数学者が手を貸すときもある。彼らは物事を主にイメージや事実として捉えて考える。数学的に考える場合はほんのわずかしかない。

無茶苦茶なことを言っていると思われそうだが、私は科学者を志す人たちに話をするとき、数学への恐怖心を取り除いてやるのが習慣になっている。ハーバード大で生物学を何十年も教えてきたが、数学でつまずくことを恐れて科学者への道を諦めたり、数学を必要としないクラスですら受講を避けたりする優秀な学生たちを見るのが悲しかった。そういう学生がなぜ気になるのかって？　科学の世界ではすぐれた人々が驚くほど数多く求められているにもかかわらず、数学嫌いのせいでそういう人材を無数に失い、また科学関連の諸学部においても、創造的な若者の一部を失っているからだ。才能の大いなる流失を我々は食い止めなければいけない。

きみの不安を軽くする方法を教えよう。数学をひとつの言語と考えてみるとよい。言語と同じように独自の文法や論理システムに支配されているものだ、と。数量的に把握する能力がふつうにあり、初級レベルの数学を「読み書き」できる人であれば、数学という言語を理解するのにそう苦労しないはずだ。

イメージを描けるものと単純な数学的命題との相互作用の例を挙げてみよう。比較的高度な生物学の二つの分野、集団遺伝学と個体群生態学の基礎固めとなるものを選んでみた。

次の興味深い事実に目を向けてもらいたい。きみには親が二人、祖父母が四人、曾祖父母が八人、高祖父母（曾祖父母の両親）が十六人いる。つまり、どの人にも必ず両親がいて、その直系の先祖は世代ごとに二倍に増えていく。これを数式で表すと$N=2^x$となる。媒介変数であるNはx世代前の先祖の数を示す。きみの十世代前には先祖が何人いたか？　世代ごとに書き出さなくても、$N=2^x=2^{10}$、または$2^{10}=N$を使えばよい。したがってxが10であれば答えは$N=1024$、つまり十世代前には千二十四人の先祖がいたとわかる。では、今度は未来に目を転じ、きみから数えて十世代後には何人の子孫がいるかを考えてみよう。子孫の場合は話がずっとややこしくなる。実際に子どもが何人生まれるかわからないためなのだが、ここは数学者がよくやるように、基本概念を簡明にしてかまわない。各カップルが子どもを二人もうけ、その子どもが生存してやはり子どもを二人ずつもうけて世代が続いていくとする（平均的な子どもの数が二人というのは、現在のアメリカでは現実とかけ離れてはおらず、生粋のアメリカ人の人口を維持するには子どもの数が二・一人必要という数値とも近い）。この条件で計算すると、きみの十世代後には千二十四人の子孫がいることになる。

ここから何を引き出せるだろう？　まず、ひとりの人間の遺伝子の起源とその運命がささやかながら描ける。有性生殖とは各人の特徴を規定する遺伝子の組み合わせを二分し、その片方を他人の遺伝子と再び結合させて新たな世代を作ることだ。ほんの数世代のうちに、各親の遺伝子は人口全体の遺伝子プールのなかに溶けこんでしまう。きみの先祖にアメリカ革命で活躍した有名人がいるとしよう。だが、その人物が生きていた時代に、きみの他の直系親族は二百五十人ほどいたのだ。そのうちの二人や三人が馬泥棒であってもおかしくない（私の高祖父八人のうちの一人は南北戦争時に南部連合の兵士だったが、彼は泥棒とまでは言えなくても、狡猾な馬喰として悪名高き人物だった）。

数学者は、生物がある特定の時間（時間、分、それよりも短い場合もある）において、ある世代から次の世代へ、より大きな個体群に変わる回数を数えるだけで、爆発的増加を数値化して示すのを好む。この場合に用いられるのは微分で、個体数増加は $dN/dt=rN$ という式で表される。非常に短いいかなる単位時間（dt）においても個体数（dN）はある一定量が増えていき、その増加率が微分の dN/dt だ。爆発的な増加の場合、測定時における個体群の個体数 N に定数 r を乗じるのだが、r は個体群の特質やその生息環境によって決まる。

興味のある N と r を選び、時間を好きに選んでこの二つのパラメーターを使ってみよう。微分の dN/dt がゼロより大きく、個体群（細菌でもマウスでもヒトでも）が理論どおりに同じ増加率で無限に増えていくと、ほんの数年のうちにその個体群の重量は地球よりも、太陽系よりも重くなり、ついには今までに知られている宇宙全体よりも重くなってしまう。

数学的に正しい理論からまったく現実離れした数値を導くのはたやすいが、実際に現実に即し、我々に衝撃を与えて新しい考え方を促すような事実を指し示すモデルが数多く存在している。今説明したような爆発的増加から生まれた有名なモデルをここで紹介しよう。池にスイレンの葉を一枚入れる。最初の葉はやがて二枚に増え、それぞれがさらに倍になる。三十日後、池はスイレンの葉でいっぱいになり、もはや倍増できなくなる。では、池の半分が葉でいっぱいになるのはいつか？　答えは二十九日目だ。この初歩的な数学が過度の人口増加のリスクを強調する方法のひとつになっているのは、常識で考えてもよくわかるだろう。この二世紀の間に世界人口は数世代ごとに倍増してきた。世界人口が百億人を超えたら地球を維持するのは非常に難しくなる、とほとんどの人口統計学者や経済学者が口を揃えて指摘している。最近、七十億人を突破した。地球の半分がいっぱいになったのはいつだったのか？何十年も前のことだと専門家たちは言う。人類は「壁」に向かって走り続けているのだ。

数学でまずは半人前になることを先延ばしすればするほど、数学という言語をマスターするのは大変になっていく。これは話し言葉をマスターするのと同じだ。それでも、何歳からでもやればできることに変わりはない。この点について私は権威として言っている。私自身が極端な例だからだ。大学に入る前に通っていた南部の高校は教育内容があまり充実しておらず、代数を学んだのはアラバマ大に入ってからだった。大恐慌の末期で、高校に代数の授業がなかったのだ。ようやく微積分に取り組んだのは三十二歳、私はすでにハーバード大の終身教授になっていた。年齢が半分ほどしかない学部生のクラスに出るのは居心地が悪く、しかも私が教えている進化生物学の学生も何人かまじっていた。プライドを胸の内に封じこめ、なんとか微積分を勉強した。

じつはがんばってもCより上の成績は取れなかったのだが、数学の能力は外国語を流暢に話す能力と同じだと発見してささやかな慰めとした。もっと努力し、ネイティブとの会話を数多くこなしていたら、私でも流暢に話せるようになったかもしれないが、野外調査や研究所での仕事に追われていたため、数学はほんの少ししか上達しなかった。

数学の真の才能というのは、おそらく遺伝的なものもあるのだろう。能力別グループ内に見られる能力の差は、育った環境の違いがすべてというわけではなく、遺伝子の違いによる差も無視できない程度に存在するらしい。遺伝子による差はきみも私もどうすることもできないが、環境による差は教育と修練によって大いに縮めることができる。数学は独学できるのが良いところだ。

ここまでの話からさらにもう一歩踏みこみ、数学の上達を望む人たちが流暢さを身につけるにはどうすればよいかについても語っておく方がよいだろう。練習すれば、初歩的な演算（たとえば $y=x+2$ なら $x=y-2$）は難なく記憶から引き出せる。言葉（たとえば「難なく記憶から引き出せる」）だってそうだ。人は言葉をほぼ無意識のうちにつなぎあわせて文とし、文を連ねて段落とする。同様に、数学の演算も簡単な組み合わせから、より複雑な数列や構造を作っていける。もちろん、数学的思考に必要なのはそれだけではない。たとえば、定理の位置づけや証明、級数の探究、新たな幾何学体系の考案などが求められるが、こうした高等の純粋数学を駆使しなくても、科学に関する本で見かける数学的命題の大部分を理解できるぐらいに数学者の言語を習得することは可能だ。

数学の流暢さが特に求められる分野はごくわずかしかない。今思いつくのは素粒子物理学、天体物理学、情報理論ぐらいで、その他の科学とその応用分野では、概念を構築する能力の方がはるかに重要だ。研究者はイメージを思い描き、目に見えるイメージを直感によって処理していく。これは誰でもある程度は行っている作業だ。

十八世紀の偉大な物理学者ニュートンになりきって、物体が空間を落ちていくさまを思い浮かべてみてもらいたい（彼はリンゴが木から地面に落ちることに注目した）。この物体をもっと高い所から落とすとどうなるか。たとえば飛行機から荷物が落下した場合、物体は時速百二十マイルまで加速し、その後は地面に衝突するまでこの速度を保つ。加速していくが終端速度を超えないという事実をどう説明すればよいだろう？　ニュートンの運動の法則を使い、気圧の存在も考慮すればよい。ヨットの推進力と同じ考え方だ。

もう少しだけニュートンになっていてもらおう。曲線を描くガラスを通した光は虹色に分かれることがある、と彼と同じように気づいてほしい。この色は必ず赤から黄、緑、青、紫の順に並んでいる。白色光は異なる色が混ざったものにすぎないとニュートンは考え、虹色の光をプリズムに通して白色光に戻す実験によってこれを証明した。その後、科学者たちが他の実験や計算を行い、虹色の光は波長の異なる光であることが判明した。可視光線のうち波長が最も長いものは赤、最も短いものは紫に見える。

きみがすでに知っている話ばかりだったかもしれない。次は、ダーウィンの話をしよう。一八三〇年代、若者だった彼はイギリス海軍のビーグル号に乗り込み、五年をかけて南米沿岸を回り、その間に自然界について広く、深く調査した。たとえば彼は、絶滅種の化石を数多く発見している。ウマやトラやサイに似た大型動物で、多くの点で現生種と異なっている。聖書に出てくる大洪水の際、ノアが救いそこねたのか？　いや、そんなはずはない。ノアがあらゆる動物を救ったことは、ダーウィンも知っていたはずだ。だが、南米に生息していた種がノアに救われたものに含まれていなかったのは明らかだ。

ダーウィンは若きナチュラリストとして南米大陸を転々とするうちに、他のことにも気づいた。ある場所で見られる一部の鳥や動物は別の場所でも見られるが、両者は非常によく似ていながらはっきりとわかる違いを備えている。これはどういうことなのか？　ダーウィンは不思議に思ったにちがいない。今日では進化だと知られているが、当時の彼にその答えは容易に出せるものではなかった。祖国イギリスでは、聖書の内容に明らかに矛盾するような事柄は異端とみなされており、ダーウィンはケンブリッジ大で牧師となるべく勉強をしていたのだ。

イギリスに戻る船中でついに進化という考えを受け入れた彼は、間もなくその原因に頭を抱えることとなった。神の導きによるものなのだろうか？　そうとは思えない。かつてフランスの動物学者ジャン＝バティスト・ラマルクが示唆したように、変化が受け継がれるのは環境が直接の原因となっているのか？　だが、この説はすでに他の学者たちによって否定されている。では、漸進的な変化が生物の遺伝的形質に組み込まれており、それが次の世代へと展開していくというのはどうだろう？　だが、そうとも考えにくい。結局、ダーウィンは別のプロセスを導きだした。自然選択、つまりひとつの種に見られる多様性のなかで、より長く生きのびられる、より多くの子をもうけられる、またはその両方の特徴を備えたものが、そうでないものに取って代わっていくというプロセスだ。

この発想やそれを支える論理を、ダーウィンは一度に思いついたわけではない。田舎の自宅周辺を散歩しながら、馬車に揺られながら、彼は断片的に自分の考えをまとめていった。特記すべきは、庭でしゃがみ、アリ塚を見つめていたときのことだ。繁殖できない働きアリが働きアリとしての生体構造と行動習性を次の世代の働きアリに伝えるしくみを説明できなければ、進化論を放棄せざるをえないかもしれないと思った、とのちに彼は語っている。ダーウィンは次のような答えを考えついた。働きアリの特徴は母親である女王アリから受け継がれる。働きアリは女王アリと同じ遺伝的形質をもちながら、女王アリとは異なり、生殖を不能にするような環境で育てられるのだ。ある日、ダーウィンが庭のアリ塚の前でこの点について考えこんでいるのを見かけた家政婦は、近所に住む有名な作家にこのことを告げた（と言われている）。「ダーウィンさんがあなたのような余暇の過ごし方をなさらないのは残念ですわ、サッカレーさん」

誰でもある程度は科学者のように夢想することがある。夢の羽を広げ、学問として練り上げたとき、夢想はありとあらゆる創造的思考の源となる。ニュートンは夢を見た。ダーウィンも夢を見た。そしてきみも夢を見る。イメージは湧き起こった当初は漠然としている。やがてそれは形になっていくか、または消えていく。ノートに形としてスケッチしてみると、少しはっきりしてくる。そしてその実例を発見したとき、イメージに命が吹きこまれる。

科学の先駆者が純粋数学から概念を引き出して発見するというケースは稀にしかない。黒板に方程式を何行も書いている典型的な科学者の写真のほとんどは、すでに発見された事柄を説明している姿だ。本当の進歩とは、野外でノートを取っているとき、メモが散乱した研究室にこもっているとき、廊下で同僚に何かを説明しようと躍起になっているとき、ひとりで昼食をとっているとき、庭を散策しているときなどに訪れる。エウレカ（ひらめき）の瞬間を得るには、懸命に勉強しないといけない。そして集中することだ。ある著名な研究者がかつて私に話してくれたのだが、本物の科学者とは配偶者に研究とは無関係の話をしているときでも、研究テーマについて考えられる人のことだそうだ。

科学の世界で最も着想を得やすいのは、世界のある部分そのものを研究しているときだ。着想は、既知の事実すべてを網羅し体系化された知識を完全に身につけたうえで得られる。また、存在の断片的な枠組みのなかで本質や過程について想像の羽を広げることでも得られる。何か新しいものと遭遇したときは、その分析を進めるために、通常は数学的、統計的方法を用いることになる。発見者にとってこのステップが技術的に難しすぎるなら、数学者なり統計学者なりを共同研究者として加えればよい。数学者や統計学者と手を携え、数多くの論文を共同執筆してきた研究者として、私は自信をもって次の原理をご紹介しよう。名づけて「ウィルソンの第一原理」だ。

科学者が数学者や統計学者から必要な協力を得るのは、数学者や統計学者が自分の編み出した方程式を利用できる科学者を探すよりもはるかにたやすい。

例を挙げてみよう。一九七〇年代末、私は数学理論の専門家であるジョージ・オスターと一緒に机に向かい、社会性昆虫におけるカーストと分業の原則を解明しようとしていた。私は野外や研究室で発見した事柄について、詳しい資料を提供した。オスターはさまざまなツールを使って方法を引き出し、目の前に並べられた現実世界に対して法則や仮説を組み立てた。彼はこの世に存在するカーストや分業について、考えうるすべてを網羅した一般理論を打ち立てたかもしれないが、地球上には選択肢が無数にあり、私が提供したような情報がなければ、そのどれを演繹すればよいかわからなかっただろう。

観察と数学の役割がこのように不釣り合いなのは、特に生物学で顕著に見られる。生物学ではそもそも実際の事象における諸要因が誤解されたり、まったく気づかれていなかったりすることがよくあるからだ。理論生物学の歴史をひもといてみると、無視できるか、または実際に試してみると役に立たない数学モデルがいくらでも出てくる。永続的な価値のあるものは、わずか十パーセント程度だろう。活用される可能性の高いモデルとは、実際の生命体に関する知識としっかり結びついているものだけだ。

きみの数学能力のレベルが低ければ、それを高める計画を立てよう。だが、今の力でもずば抜けた仕事ができることも忘れないように。データ収集が大半を占める分野、たとえば分類学、生態学、生物地理学、地質学、考古学などでは特にそうだ。いっぽう、実験の緻密な入れ替えや定量分析が求められる分野を専攻するのは考え直した方がよい。物理学や化学の多く、それから分子生物学の一部の分野などだ。科学の道を進むうえで数学の能力を高める基礎訓練は必要だが、それでも苦手だという場合は、数学をあまり必要としない分野を見つけ出すことだ。科学にはじつにさまざまな専門分野が存在するのだから。逆に、数式をいじくり回して数理解析をするのは楽しいが、データ収集そのものには興味がもてないというのなら、分類学など先に述べたような分野は避けることだ。

ニュートンは自分の想像を実体化するために微積分を発明した。いっぽうダーウィンは数学がまったくできないと自分で認めている。しかし、膨大な量の情報を集め、そこから方法を考えついた。のちになって数学がその方法に適用されている。きみが取るべき重要なステップは、自分の数学の能力に見合い、なおかつ心から興味がもてる課題を見つけ、それに集中することだ。そうしつつ、次の「第二原理」を心に留めておくことをおすすめする。

研究者であろうと技術者や教師であろうと、数学の能力がどの程度であれ、いかなる科学者にも本人の数学のレベルで優秀な業績をあげられる科学分野が存在する。

三通目

進むべき道

The Path to Follow

今回の手紙の目的は、同僚たちのなかできみが正しい方向に進んでいけるよう手助けすることだ。

私は高校三年生のときに、大学で研究する動物群を決めることにした。もうその時期だと思った。最初はアシナガバエにしようかと考えた。日の光が当たると宝石のように燦然ときらめく小さなハエだ。ただ、このハエを研究するのにふさわしい道具も文献も入手できなかったので、アリに決めた。これが結果として正しい選択になったことは、運がよかったとしか言いようがない。

アラバマ大に入学するとき、私は初心者ながら種を同定したアリのコレクションを用意し、大学一年目から研究を始めたいと生物学部にレポートを提出した。おそらく私の素朴さが受けたのだろう。コレクションかレポートか、またはその両方が功を奏し、将来性を認めてもらえたのかもしれない。とにかく私は歓迎され、顕微鏡と専用の研究場所を与えられた。かつてサマーキャンプでカウンセラーとして成功を収めたときもうれしかったが、それにも増して大学側のこうした待遇はありがたく、ふさわしい大学でふさわしいテーマを得たという思いを強くした。

だが、私の本当の幸運はまったく別の方向から訪れた。そもそも研究対象をアリにしたことがよかったのだ。この小さな六本脚の戦士たちは昆虫のなかで最も数が多い。したがって、世界中の陸上環境で非常に大きな役割を果たしている。また、シロアリやミツバチと同様に、あらゆる動物のなかで最も高度に発達した社会システムを形成している点も科学的に重要だった。驚いたことに、私が大学に入った当時、アリを専門に研究している科学者は世界でほんの十人あまりしかおらず、まるでゴールドラッシュが始まる前に金鉱を掘り当てたようなものだった。その後、私はいろいろな研究を始めたが、どんなに荒削りなものであっても（実際、洗練とはほど遠いものばかりだった）、そのほぼすべてが新たな発見となり科学雑誌に掲載されたのだ。

こんな話がきみにとってなんの意味があるかって？ おおいに意味がある。経験を積んだ他の科学者も同意するだろうが、オリジナルな研究を行う場として知の領域を選ぶ際、研究者の少ない領域を選ぶのが賢明だ。ある分野と別の分野を学生や研究者の数で比較し、チャンスの大きさを判断しよう。とはいえ、幅広い訓練が本質的に必要である点や、研究者に弟子入りして質の高いプログラムの恩恵を受ける価値を否定するわけではない。また、それによって科学界で同年代の友人や同僚に恵まれ、互いに助け合える利点も否定はしない。

それでも多勢から離れ、独自に研究できるテーマを見つける大切さをきみに伝えておく。一年間になされる発見を研究者一人あたりで見てみると、最も速く抜きん出やすいのはこのようなテーマだ。先頭に立つ最大のチャンスが得られ、やがて時が経てば自分の道を進む自由の度合いも増していく。

すでに多くの人々から注目され、華やかなオーラを放ち、受賞経験もあり、多額の助成金を得ている研究者がいるジャンルはおすすめしない。人が騒ぎたてている話に耳を傾け、そのテーマがなぜ注目されるに至ったかを学ぶのはよいが、自分の長期計画を立てる際には、そうしたテーマにはすでに才能ある人々が群がっていると肝に銘じることだ。勲章をつけた軍曹や大将が大勢いるなかで、きみは新入りの一兵卒扱いとなるだろう。狙うべきはきみ自身が興味をもち、将来性がありそうで、世に認められた専門家たちがまだ派手に競い合っておらず、受賞者や科学アカデミー会員もほとんどいなくて、今までになされた研究がまだデータや数学モデルで埋めつくされていないテーマだ。最初のうちは孤独や心細さを感じるかもしれないが、この点さえ除けばあとはどのテーマでも同じだ。きみが頭角を現し、世紀の発見のスリルを味わえる最大のチャンスがここにある。

軍隊を戦場に呼びよせる法則を知っているだろうか。「銃声の聞こえる方角に進め」というものだ。科学の世界はまさにこの正反対だ。これを「第三原理」としよう。

銃声から遠ざかれ。喧嘩は遠くから見ることだ。自分が喧嘩をするときは、自分の土俵で戦うことを考えよ。

気に入ったテーマを決めたら、その分野で世界的な大家になることをめざして勉強すれば、きみが成功する確率は大いに高まる。大変だと思うかもしれないが、大学院生であってもこの目標設定はさほど難しいものではなく、野望というほど高望みというわけでもない。科学には幾多ものテーマがある。物理学、化学、生物学、社会科学、いずれの分野にも短期間で権威となれるテーマは点在しているのだ。研究者の少ないテーマを選び、努力を惜しまず勉強に励めば、若くして世界的権威になることだってできる。社会は高いレベルの専門知識を必要としており、そのような知識を進んで得ようとする人々には見返りを与えるものだ。

すでに存在している情報は少なく、きみ自身が発見する事柄も最初のうちはちっぽけなものにすぎない。しかも、他の知識体系と結びつけにくいかもしれない。きみがもしこうした事態に直面すれば、それは大変良いことである。科学のフロンティアへの道にはなぜ困難がつきまとうのか？　その答えが次の「第四原理」だ。

科学上の発見を求めるとき、あらゆる問題はチャンスとなる。問題が難しいほど、その解決策の重要性も増す傾向がある。

この格言が真実だと最もはっきりわかるのは極端なケースにおいてだ。たとえばヒトゲノムの配列の解明、生命の証拠を探る火星探査、ヒッグス粒子の発見はそれぞれ医学、生物学、物理学において非常に重要な意味があった。いずれも大勢の研究者と巨額の資金がなければ達成できず、それだけの人とお金を使う価値のあるものだった。ただ、それよりもはるかに規模が小さく、発展途上の分野やテーマで、たとえ少人数の研究者グループやたったひとりでも、工夫すれば比較的低コストで重要な実験を編み出すことができる。

科学上の問題を見つけ、発見をするための方法がここから得られる。数学者を含め、科学者が取るべき方法は二つある。まず、研究の早い段階で問題を設定し、その解き方を模索するという方法だ。問題は比較的小さなものもあれば（たとえばナイルワニの平均寿命はどのくらいか？）、大きなものもある（宇宙の暗黒物質はどんな働きをしているのか？）。答えが見えてくると、たいてい他の現象が見つかったり、他の問題が生じてくる。二つめの方法は、あるテーマについて幅広く学びながら、いまだ知られていないか、想像もされていない現象がないか探っていくというものだ。独自の科学研究を行ううえでの戦略をまとめたのが次の「第五原理」である。

科学のある分野で生じる問題はすべて、その解決に理想的な生物種、または他の実在物、もしくは現象が存在する。（例：軟体動物の一種であるアメフラシは細胞レベルで記憶のメカニズムを調べるのに理想的である）

逆に、あらゆる生物種、または他の実在物、もしくは現象には、重要な問題を解くのに最適な要素が存在する。（例：コウモリからソナーが発見されたのは必然的だった）

これら二つの戦略はもちろん両方同時に、または順番に取り組めるのだが、最初の戦略を用いる科学者は概して直感で問題を解くタイプだ。自分の好みや才能によってある特定の生物、化合物、素粒子または物理過程を選び、その特性や自然界での役割に関する問いに答える傾向がある。物理学関連や分子生物学では特にこの手の研究活動が多い。

次に示す例は最初の戦略を用いた場合のシナリオだ。架空の話だが、実際に研究室で生じていることに近いものである。

実験室で白衣の男女の小グループが、デジタルモニターに表示されたデータを見つめている。時は昼下がり。その日の午前中、皆は実験を始める前に会議室に集まり、ときおり黒板に向かいながら議論していた。コーヒーブレイクと昼食をはさみ、ジョークをいくつか飛ばし、これで試してみようと決めた。表示されたデータが予想どおりであれば、非常に興味深い。まさにトップニュースものだ。「ぼくたちが探し求めているものはこれだと思う」。チームリーダーが言う。そのとおり！　研究の目的は、哺乳動物の体内で新たなホルモンの役割を見きわめることだ。だが、リーダーはまずこう言う。「シャンパンを開けよう。今夜はしゃれたレストランでディナーにして、次に何をすべきか話し合おう」

生物学では、問題を中心に据える最初の戦略（どのような問題にもその解決に理想的な生物が存在する）を用いた結果、数十種の「モデル種」が重視されることになった。たとえば分子レベルで遺伝を研究するなら、ヒトの消化管内に生息している大腸菌から非常に多くを学べる。神経系の細胞組織を調べるなら、線虫C・エレガンスから得るものがある。遺伝的特徴や胚発生のことを知ろうとすれば、フルーツフライと呼ばれる定番のショウジョウバエに詳しくなれる。当然そうなるべきなのだ。あれこれと表面的にかじるより、ひとつのことを深く知る方がよい。

それでも、これから二、三十年のうちに登場するモデル種はせいぜい二、三百種程度だという点は心に留めておくことだ。短い起相（分類の特徴を記したもの）とラテン名によってかろうじて科学界に知られている種は二百万種近くにのぼるが、その多くはモデル種に見出される基本過程とほぼ同じものを有している。とはいえ、さらに細かく見てみると、組織や生理機能、行動の点でその種独特の特徴が無数に認められる。まずは天然痘ウイルスについて思い浮かべ、次にこのウイルスについて知っていることをすべて考えてみよう。それからアメーバでも、さらにカエデ、シロナガスクジラ、オオカバマダラ（チョウ）、イタチザメ、ヒトについても同じことをしてみてもらいたい。ここで言いたいのは、このような種はそれぞれがひとつの世界をなしているということだ。独自の生態を有し、生態系のなかで独自の場所を占め、さらには何千年ないし何百万年という進化の歴史を背負っている。

生物学者がある種のグループを研究する場合、それこそ現生種が三種しかないゾウから一万四千種もあるアリに至るまで、観察しうるさまざまな生物学的現象すべてを知ろうとするのがふつうだ。このように、先に述べた二つの戦略の二つめを用いる研究者のほとんどは、厳密な意味で科学的ナチュラリストと呼ばれている。彼らは研究対象の生物そのものが好きなのだ。生物を野外で、自然状態で観察するのが楽しい。たとえば粘菌、糞虫、巣を張るクモ、クサリヘビの仲間（マムシやハブ）など、ふつうの人が魅力を感じないような生物であってもその美しさを認め、特徴について事細かに正確に語ってくれる。何か新しいものを発見したときの喜びは格別で、思いがけないものほどその喜びは大きい。そんな彼らは生態学者であり、分類学者であり、生物地理学者でもある。次に私自身が何度も経験したたぐいのシナリオをご紹介しよう。

二人の生物学者が採集道具を詰めた重い荷物を背負い、熱帯雨林を歩いている。キャンプ地ではオンライン百科事典にアクセスでき、ＤＮＡの分析は自国の研究室で行える。「おや、あれはなんだ？」ひとりが指さしたのは、椰子の葉の裏に貼りついている小さな動物だ。色鮮やかで不思議な形をしている。「アマガエルの一種じゃないかな」。もうひとりが答える。「いや、待てよ。こんなカエルは見たことがない。きっと新種だ。こいつはいったい何者なんだ？もっと近づいてみよう。いいか、慎重に、見失うなよ。よし、つかまえた。まだ標本にはしないでおこう。絶滅危惧種かもしれないから。生きたままキャンプに持ち帰り、オンライン百科事典で調べてみよう。コーネル大の彼ならこういう両生類に詳しいから、訊いてみてもいいかもしれない。でも、まずは同じものが他にいないか探し、できる限り情報を集めよう」。キャンプに戻った二人はさっそく調べ始めた。驚いたことに、そのカエルはどの属にも当てはまらない。どうやら新属種のようだ。二人は信じられない思いで、世界中の専門家たちに発見のニュースを伝えた。

きみがこれから科学の世界で進んでいく可能性がある道は莫大な数にのぼる。選択肢によっては私が描いたようなシナリオになるだろうし、そうならない場合もあるだろう。きみにぴったりのテーマとは、きみ自身が関心をもち、情熱をかき立てられ、一生を捧げてもよいと言えるほどの喜びを約束してくれるものだ。対象がなんであれ、真の愛とはそういうものだ。

Ⅱ 創造的プロセス

The Creative Process

四通目

科学とは何か？

What Is Science?

天地を照らし人類に力を与えてきた、科学と呼ばれるこの壮大な事業とはいったいどういうものなのか？　それは我々自身、そして我々を取り巻く現実世界すべてに関する検証可能で系統立った知識であり、神話や迷信といった限りなく多種多様な信念と対極をなす。物理的操作と知的操作の組み合わせであり、教育を受けた人々にとってますます習慣となりつつある。科学とは、事実に基づいた知識を得るために、今までに考案されたなかで最も効果的な方法に身を捧げるという啓蒙の文化なのだ。

これから科学研究をするうえで、きみは「事実」「仮説」「理論」という言葉をたびたび聞くことになるだろう。これらは経験から切り離され抽象概念として語られる場合、誤解や誤用を招きやすい。科学者（きみもじきにそのひとりとなる）による研究の積み重ねがあって、初めてその意味が完全に明らかとなるのだ。

どういうことなのか、私自身の例で説明しよう。私は単純な観察から始めた。アリは仲間の死体を巣から取り除く。巣の外にてきとうに捨てる種もいれば、一カ所に積み上げ、「墓地」とでも呼びたくなるような形にする種もいる。この習性から私が気づいた問題点は、単純だが興味深いものだった。アリは仲間の死をどうやって知るのか？ 視覚に頼っていないのは明らかだ。地下の部屋は真っ暗だが、それでもアリは死体に気づく。しかも、明るい場所でも、あおむけになっていても、死んで間もないものには気づかない。死後一日か二日経って初めて死体と認識するのだ。アリの葬儀屋は腐敗臭を頼りに死を認識する、と私は考えた（仮説）。さらに、その認識をもたらすのは死体から発散される物質のごく一部にすぎないと考えた（第二仮説）。この第二仮説を思いついたきっかけは、すでに確立されている進化の原則だった。地球上の動物の大多数は脳が小さく、そのような動物はごく単純な一連の手がかりを頼りに生き抜いている。死体からは何十、何百もの化学物質が発散される。人は化学成分を分析できるが、脳の大きさが我々の百万分の一しかないアリには無理だ。

したがって、もし私の仮説が正しいとすると、アリはどの化学物質に反応して死を認識するのだろう？ すべて、ごく一部、それとも化学物質にはまったく反応しないのか？ 私は業者からさまざまな腐敗物質の合成試料を手に入れた。糞臭の元であるスカトール、腐敗した魚の臭いの主な成分であるトリメチルアミン、死んだ昆虫に見られる種々の脂肪酸とそのエステル…。私の研究室には死体安置所とどぶ川を合わせたような臭いがしばらく漂っていた。この化学物質をごく少量、紙で作ったアリのダミーにつけ、アリのコロニーに入れてみた。臭い試行錯誤を何度も繰り返した結果、アリはオレイン酸とオレイン酸塩のひとつに反応するとわかった。他の化学物質は無視するか、警戒するかのどちらかだった。

この実験を別の方法でも試してみようと（白状しよう、私たちには遊び心もあった）、生きている働きアリの体にオレイン酸を少量塗ってみた。このアリは生ける屍となるだろうか？　案の定、アリは（広い意味での）ゾンビとなり、同じ巣に住む仲間につかまり、脚をじたばたさせながら墓地に運ばれ、捨てられた。自分で身を清めたアリは、その後コロニーに戻ることを許された。

そのとき、私は別の考えを思いついた。ニクバエや糞虫などあらゆる腐食性の昆虫は、臭いを頼りに動物の死骸や糞を見つけているにちがいない。しかもその際、腐敗により生じる化学物質のうちのごく少数を利用しているのだろう。さまざまな対象に当てはめられるこうした一般化に、少なくともいくつかの事実を添え、論理的推論も加えたものを理論と呼ぶ。その理論を、自信をもって事実と呼べるようになるためには、他の種にも当てはまるかどうか、さらに多くの実験を行って調べる必要がある。

では、最も広い意味での科学的方法とはどのようなものか？　それはまず現象の発見から始まる。アリの不可思議な行動、今まで知られていなかった有機化合物群、発見されたばかりの植物の属、または深海に見られる得体のしれぬ水流。このような現象を前にして、科学者は問いかける。これはいったいどういうものなのか？　原因は、起源は何か？　この現象は結果として何をもたらすのか？　問いかけのひとつひとつが科学の領域内での問題提起となる。科学者はそれをどうやって解決していくのだろう？　手がかりは必ず存在する。そして解決に関する手がかりから見解が形成される。こうした見解（単なる論理的推測であることもよくあるのだが）が仮説である。最初の段階で、ありうると考えられるさまざまな解決策を考えておくのが賢明だ。そのすべてをひとつずつ、またはいくつかまとめて試しては排除していくと、最後にひとつだけ残るはずだ。この方法を競合仮説分析と言う。この分析がうまくいかない場合（じつは、うまくいかない場合がよくある）、科学者は選択肢のひとつ、特に自分が考え出したものに執着しがちだ。とどのつまり、科学者も人間なのだ。

最初の研究調査で競合仮説をすべて明確にできることはめったにない。生物学では特にそうだ。さまざまな要因が絡み、いまだ発見されていない要因も残っているうえに、発見されていた要因同士はたいてい重なり合い、影響し合い、環境のさまざまな力からも影響を受けている。しかも、その影響は発見するのも測定するのも困難なのだ。典型例として、医学では癌が、生態学では生態系の安定が挙げられる。

したがって科学者は直観し、推測し、いじくり回し、その間にも情報を集めながら、どうにかこうにか前に進んでいく。きちんとした解釈がまとまるまであきらめない。他の科学者たちの合意がすぐに得られる場合もあるが、長い期間を要する場合もある。

明確に定めた条件下で現象が一定の特性を示す場合、その場合にのみ科学的解釈は科学的事実だと宣言できる。水素は元素のひとつであり、他の物質に分解できないという認識は事実だ。食物から水銀を摂取しすぎるとなんらかの病気になるというのも、臨床研究が十分になされた後に事実だと宣言できる。水銀は人の細胞内で一つか二つの化学反応を生じさせると知られているため、似たような病気の原因となる、と広く信じられているかもしれない。この考えは、水銀の影響と信じられている病気についてさらに研究を重ねることで確認できる場合もあれば、できない場合もあるだろう。研究がまだ完全ではないうちは、この考えは理論でしかない。だが、たとえ理論が間違っていると判明しても、それがまったくだめな理論とは必ずしも言えない。少なくとも新たな研究を喚起し、それによって知識が増えることになる。だからこそ、多くの理論がたとえ失敗作であっても「ヒューリスティック(heuristic)」、つまり発見に役立つと言われるのだ。

ちなみに「わかったぞ！」という意味の「エウレカ(eureka)」は、もとはギリシアの科学者アルキメデスの言葉だ。彼は公衆浴場で湯船に浸かりながら、形に関係なく物体の密度を図る方法を考えていた。物体を水に沈めれば、水嵩の増した分で体積が測れる。また、沈んでいく速度で重量もわかる。重量を体積で割ったものが密度だ。アルキメデスは浴場を飛び出し、「エウリーカ（heurika）」と叫びながら町を走って行ったという。せめてバスローブは羽織っていたと願いたい。彼が発見したのは、王冠が純金かどうかを見極める方法だった。純金は金より質の劣る銀を混ぜたものよりも密度が高い。だが、それよりはるかに重要なのは、形や成分を問わず、あらゆる固体の密度の測定法をアルキメデスが発見したことだ。

　次に、これよりはるかに規模の大きな科学的方法の例を考えてみよう。チャールズ・ダーウィンの『種の起源』が刊行された一八五九年当時、生物の形態進化は事実ではなく理論にすぎない、と一般的に言われてきた。だが、進化は事実だとダーウィンの時代に言うこともできたはずだ。少なくとも数種類の生物については、ある時期に進化が生じた証拠があったからだ。今日では非常に多くの植物、菌類、動物、微生物においてきわめて説得力のある進化の証拠があり、生物学のあらゆる分野でおびただしい数の遺伝的特徴が見られ、そのすべてが進化と結びついている。例外はいまだに発見されていない。したがって、進化は事実だと自信をもって言える。また、ダーウィンの時代には人類の祖先が初期の霊長類だという考えは仮説にすぎなかったが、その後に大量の化石が研究され、遺伝的証拠が見出されて、今やこの点も事実だと言えるようになった。いまだに理論の域を出ていないのは、進化は自然選択によって普遍的に生じるものであり、育種集団における生存と生殖は遺伝的特徴の組み合わせによって成功の度合いに差が生じるという点である。この命題はさまざまな方法で数多く検証され、今や動かしがたい事実だとほぼ認められるに至り、生物学全体において非常に重要な意味を持ち続けている。

たとえば磁界におけるイオンの流れ、空気のない空間での物体の動き、気体の体積の温度による変化など、首尾一貫したプロセスがはっきりと認められる場合、このような反応は正確に測定され、数学的に法則として定義できる。物理学や化学では、法則を数学的推論によってじつに容易に拡大し深めていけるため、確信をもって法則の探求が行われている。では、生物学でも「法則」は存在するのだろうか？

この問いに私は「イエス」と答えよう。最近はだいぶ大胆になってきたのだ。生物学は二つの法則に支配されている。最初の法則は、いかなる生物も、その生物が生きる過程も、物理学と化学の法則に従うということだ。少なくともこのような形で生物学者が両者の結びつきを語ることはめったにないが、分子や細胞レベルで研究している者はこれが真実だと思っている。私の知り合いの科学者のなかでは、かつて「エラン・ヴィタル（生命の躍動／哲学者ベルクソンの言葉）」と言われた、生物だけに特有の物理的力やエネルギーを研究する価値があると信じている者はひとりもいない。

二つめの法則は、最初の法則ほどはっきりとは言えないのだが、高い突然変異率によるささいなランダム摂動や競合遺伝子の数における不規則変動があるものの、あらゆる進化は自然選択によるということだ。

科学の地盤は、物理学、化学、生物学のなかで生じるさまざまな結びつきだけでなく、それらの主な分野間で関連性が生じることからも強化される。だが、科学と哲学には非常に大きな問題が残っている。知の統合――いくつにも分かれた知識体系間での結びつき――を社会科学や人文学、さらには芸術まで拡大することは可能だろうか？　可能だと私は思っている。結びつけようという努力こそが二十一世紀における知的生活の中核となると私は信じている。

なぜ私を含め、こうした物議を醸すような考え方をする人がいるのかって？　科学は現代文明の源だからだ。単なる「もうひとつの知る方法」にとどまらず、宗教またはトランスセンデンタル・メディテーション（超越瞑想／TM）と同等とみなされるべきものだからだ。科学は人類に与えられた才能（芸術を含む）を損なうものではまったくないどころか、その内容を拡大する方法を提供するものである。人類の起源と意義を説明するうえで、科学的方法は宗教よりもすぐれたものであり続けている。組織化された宗教による創造説は、科学と同じように世界の起源を、地球に存在するものを、そして時間と空間の性質までをも説明しようとする。その神話的ストーリーのほとんどは古代の預言者たちの夢や啓示に基づいたもので、宗教によって内容が異なっている。生彩に富み、信者にとっては心安らぐものだが、ひとつひとつのストーリーは他と矛盾しており、現実世界のなかで検証してみると今までのところ例外なく間違いだと証明されている。

天地創造説が間違いだというのは、宇宙と人の心の不思議は一個人の直観によって解決できるものではないという証拠にもなる。人類が現れる以前の祖先が遺した視野の狭い感覚的世界から、人類を解放してきたのは科学的方法だけである。かつて人類は光によってすべてが見えると信じていたが、今日では、脳の視覚野を活性化させる可視スペクトルは電磁スペクトルのごく一部にすぎず、電磁スペクトルの周波は極高周波のガンマ線から極低周波の放射線まで何桁という幅があるとわかっている。電磁スペクトルの分析により、光の本当の性質が理解できるようになった。光というものの全貌がわかったために、科学や技術に数えきれないほどの進歩がもたらされたのだ。

地球は平たく、宇宙の中心にあり、その周りを太陽が回っているとかつて人々は考えていた。今日では、太陽は恒星であり、しかも天の川銀河だけで二億個もある恒星のひとつにすぎないと判明している。恒星のほとんどは重力によって惑星を従え、その多くは地球に似ているとほぼ確実に言える。地球に似た惑星にも生命は存在しているのだろうか？　おそらく存在すると私は思っている。光学解析と分光解析の技術がより進歩すれば、いずれ科学的方法によってわかる時が訪れるだろう。

人類は超常現象としていきなり現在の形で登場した、とかつては信じられていた。だが今では、六百万年以上も前にアフリカの類人猿から枝分かれしたことや、現代のチンパンジーもやはり同じ類人猿が祖先であることがわかっている。

かつてフロイトはこう言った。コペルニクスは地球が宇宙の中心ではないと証明し、ダーウィンは我々が生命体の中心ではないと証明し、そして私は、我々が自分の心すらもコントロールできていないと証明した、と。もちろん、この偉大な精神分析医は手柄を特にダーウィンと分かち合う必要があるが、人の意識は思考プロセスのごく一部にすぎないという点は正しい。

我々はどこから来たのか。我々は何者なのか。宗教と哲学の大きな、そして素朴なこの二つの問題に対し、我々は科学を通じてより堅実で説得力のあるやり方で答え始めたところだと言えよう。答えはとうの昔に出ていると既成宗教は当然ながら主張する。超自然的な天地創造の物語を使って。では、そのような物語を受け入れる信者が科学を使って良い仕事ができるのか、ときみは疑問に思うかもしれない。もちろんできる。ただし、自分の世界観を非宗教的なものと超自然的なものに分け、仕事をしているときは非宗教的な領域にとどまる必要がある。神学に直接関係のない科学研究を心がけることは難しくないはずだ。これは皮肉で言っているわけでもなければ、科学的な考え方を閉ざすようほのめかしているわけでもない。

もしも既存宗教が主張している超自然的存在、または力が実際に存在し、現実世界に影響を及ぼしているという証拠が発見されれば、すべては変わるだろう。科学はそのような可能性を本質的に否定するものではない。もし証拠の発見が可能であれば、科学者がそうした発見をしようとするのは不思議でもなんでもなく、発見した科学者はニュートン、ダーウィン、アインシュタインに並ぶ者として、いや、彼らをひとくくりにした者に等しい者として、科学の歴史に新たに名を刻むことになるだろう。実際、科学史を通じて、超自然的現象の証拠だという報告が数限りなくなされている。だが、そのすべては否定命題の証明に基づくもので、たいていはこんな具合に述べられている。「そのような現象を説明することはどうしてもできなかった。したがって神に創られたものとしか考えられない」。今日でもなお、宇宙の起源や宇宙の物理定数の決定について科学は納得のいく説明ができずにいる。だから、神聖なる創造主が存在するにちがいないという説が流布している。また、細胞内における一部の分子構造や反応は（少なくともその論者にとっては）複雑すぎて自然選択の概念ではまとめられないため、より高度な知性が設計したものにちがいないという説もある。さらに、人の知性、特にその中核としての自由意思は事物の因果関係の力を超えているように思われる、したがって神が付与したものにちがいないという説もある。

宗教理念に基づいた科学を支持しようとして否定仮説に頼ると、その仮説が間違っていた場合、断固たる反駁に非常に弱いという難点がある。検証可能な本当の物理的原因をたったひとつ突きつけられただけで、超自然的原因を支持する意見は打ちのめされてしまう。実際、科学史の大部分はまさにこういうことを繰り返すなかで、現象がひとつずつ解明されていった。地球が太陽の周りを回っていることも、太陽がある銀河に存在する二億かそれ以上の恒星のひとつであり、宇宙に銀河は無数に存在することも、人類の祖先がアフリカの類人猿であることも、遺伝子がランダム変異によって変わることも、心が体の器官で生じる物理過程であることもそうだ。神は現実世界の自然に基づいた理解に屈し、ほぼあらゆる時空から徐々に手を引きつつある。超自然的現象の証拠をつかむチャンスは急速に減ってきているのだ。

きみは科学者として、偉大なる未知の世界に残っているどんな現象にも心を閉ざさずにいたまえ。ただ、きみの仕事は現実世界の探査であり、きみ自身が抱く先入観や偶像の立ち入る余地はないこと、そして科学の世界で通用するのは検証可能な事実のみだということをけっして忘れないように。

五通目

独創的なプロセス

The Creative Process

科学者がどのようにイメージするのかを知ると、独創的に考える方法がわかる。技術訓練を受けている間にこれを練習しておくと、「科学する」ということの核心に近づける。きみは科学者としてきっと成功できると先の手紙に書いたとき、きみは白昼夢を見ることもできるはずだと私は想定していた。ただ、ある程度の混乱と失敗は覚悟しておきたまえ。ごく初期の段階では、時間を無駄にしたりフラストレーションがたまったりということがよくある。実行可能なアイデアが湧いてきたら、研究はある程度型にはまったものとなり、考えるのも人に説明するのもずっと容易になる。私がいちばん楽しいと感じるのはきまってこの段階なのだ。

良い科学研究の多く――おそらくは偉大な科学研究のすべて――は空想に根差したもの

だ。そこで、今この場で少々空想に耽ってみてもらいたい。今から十年後、二十年後、五十年後に自分はどういう立場にあるか、何の専門家となっていそうか。次に、自分がずっと年を取り、輝かしいキャリアを振り返っていると想像してみよう。科学のどの分野で、どんなすばらしい発見をしたときに人生最高の楽しみを感じられたのか？

目標を定めたシナリオをいくつか作り、進みたいと思うものを選ぶ。科学に関して、こうした空想に耽る癖をつけるとよい。たまにではなく、たびたび空想する。心のなかで自分に語りかけるのがリラックスできる楽しみとなるように。理解しなければならない重要なテーマについては、自分で自分に講義してみる。志の同じ人と語り合ってみる。夢がわかれば、その人となりがわかるはずだ。

夢と言えば、著名な作家マイケル・クライトンと一度夕食を共にしたことがある。お互いに自分の仕事について語り合った。彼の小説『ライジング・サン』が映画化されて間もない頃で、作品に込められた政治的メッセージに対する批判がさかんに行われていた。ストーリーは日本のハイテク企業がスパイ行為と隠蔽工作によってアメリカの業界を支配しようとするものだ。映画が封切られたのは一九九三年で、日本の経済はその少し前までバブル景気で急上昇しており、日本企業はロックフェラー・センターからハワイの不動産に至るまで、アメリカの物件を買いあさっていた。彼の作品からは、武力による帝国建設に失敗した日本が経済支配によって新たな帝国を建設しようとしているというメッセージを読み取ることも不可能ではなかったのだ。

クライトンは私が一九七五年に上梓した『社会生物学』にまつわるごたごたを知っていた。この作品は社会科学者や左翼過激派の作家から猛烈に非難された。人類にも本能があり、したがって人間の本質には遺伝子に基づくものも存在するという私の説が彼らの怒りを招いたのだ。抗議デモが行われ、授業が妨害されることもあり、ハーバード大のあるお堅い人物は私を解雇するよう要求したほどだった。

「当時のさまざまな圧力にどう対処したんですか?」クライトンが訊いた。私も家族も困惑することはあったが、理論面での対処は難しくなかった、と私は答えた。あれは明らかに科学と政治的イデオロギーとの戦いだった。理にかなった研究であれば、いずれは科学が必ず勝つと過去の歴史が示している。私の場合もそうで、クライトンと会食を楽しんでいたとき、社会生物学はすでに一分野として確立していた。『ライジング・サン』はフィクションだが、この作品をめぐり論争が起きたのは悪いことではない、と私は言った。重要な問題に対する見解の違いを際立たせるのに役立つからだ。問題は悪化させるよりも徹底的に議論した方がいい。

私はこの機に、かつてクライトンの作品と映画『ジュラシック・パーク』に刺激され、ある実験を思いついたことを話した。『ライジング・サン』と同じ年に封切りされた『ジュラシック・パーク』では、億万長者がテーマパークを作ろうと考え、そのために古生物学者などの専門家を雇い、恐竜をよみがえらせる。SF小説なので、このプロジェクトはもちろん成功するのだが、その方法はじつに独創的だ。まず、恐竜が生きていた時代の樹脂が化石となった琥珀を見つける。なかには蚊が完全な形で含まれているものがある。この蚊が原理上おおいに役立つことになるのだ。恐竜の時代の末期、白亜紀の琥珀に含まれるアリの化石を何百と研究してきた私もこの点は認めたい。次に、そのなかから恐竜の血が体内に残っている蚊を見つけ、その血から恐竜のDNAを抽出し、ニワトリの受精卵に移植して恐竜を育てる。よくできたSFだ。ほぼ不可能な試みではあるが（科学者の私が「ほぼ」と言っている点に注目するように！）、どの過程も完全に可能性がない話ではない。

私が思いついた実験はこれと少々似ており、本当に実現できると思っていた。ハーバード大にはドミニカ共和国から送られたアリ入り琥珀がたくさんある。およそ二千五百万年前のものだ（恐竜が生きていた一億年前よりは新しいが、それでも古い時代のものに変わりはない）。私はこの化石コレクションを徹底的に調べ、新種をいくつも発見した。なかでも最も豊富に見られたのは、私が *Azteca alpha* と命名したものだ。現生種 *Azteca muelleri*（アステカアリ属）は *Azteca alpha* の直接の子孫、または近い親戚で、今でも中央アメリカに生息している。このアリはコロニーが侵入者に襲われそうになると、大量のフェロモン（刺激臭のあるテルペノイド類）を空中に放ち、巣の仲間に警告する。

Azteca alpha の体内に残っているこのフェロモンを抽出して *Azteca muelleri* の巣に注入したら、なんらかの反応が見られるかもしれない、と私はクライトンに語った。二千五百年の時を越え、あるコロニーから別のコロニーにメッセージを届けられるかもしれない。クライトンはこの話に興味をもち、実行するつもりかと訊いた。今のところは予定していない、と私は答えた。時間のない状況が続いているうえに、この夢を実現するにはサーカス並みのトリックを駆使しなければならず、本物の科学の出番が少なすぎる——本当に新しいものを発見できるチャンスが少なすぎるのだ。

最後に、クライトンのような作家の創造プロセスと科学者のそれについて、私がどう考えているかをお話しよう（私は小説も書いたことがある）。理想的な科学者は詩人のように考え、その後は簿記係のように働く。文学でも科学でも、創意工夫ができる者は基本的に夢想家であり、ストーリーテラーであるとを覚えておくといい。創作の初期段階では、頭のなかにあるものすべてがストーリーになる。話の結末を思い描き、そしてたいていは話の始まりも想像し、結末に至るまでの間に生じるとしっくりくると思われるあれやこれやを選ぶ。どんな部分でも変更できる点も文学と科学に共通する。変更によって他の部分にさざ波が生じ、一部を捨て、新しいものを加える。こうして生き残った断片がさまざまに絡み合い、切り離され、動き回るうちにストーリーが形になっていく。ひとつのシナリオが浮かび上がると、また次のシナリオが思い浮かぶ。シナリオは文学でも科学的なものでも互いに競合する。重なり合う部分もある。ストーリー全体に意味を与えるべく、単語や文（または方程式や実験）が試される。思い浮かべたことすべてをどうまとめるか、早い段階で構想が得られる。それはすばらしき大円団に、科学では大発見にたどり着く。だが、それが最良の結末、真実なのだろうか？　創造力を働かせる目的は、無事に結果を出すことだ。それがなんであれ、どこに位置し、どのように表現されたものであれ、まずは幻影として立ちのぼり、詳細を得て、最後の土壇場で色褪せ他のものに取り換えられるか、またはギリシア神話の巨神アンタイオスが母なる大地に触れたときのように力を得る。その有効性をめぐって言葉にならない思考がめぐりにめぐる。最良の断片が固まっていくにつれ、思考はある場所に納まり、場所を変え、そしてストーリーは成長を続けてみごとな結末を迎えるのだ。

六通目

科学者に求められるもの

What It Takes

一生の職業として科学者を選び、特に独創的な研究の道に進もうとするのであれば、科学者である限り、そして生きている限り、自分のテーマに対する情熱を持ち続けることだ。これに勝るものはない。創造性を開花させないうちに、博士論文を書き上げたあたりで自分の研究をやめてしまう博士号取得者が多すぎる。今回の手紙は、創造性の中心にとどまろうとめざすきみのために書く。きみは仕事人生のかなりの部分を探検家として生きていくことになる。研究においてきみが達成した進歩のひとつひとつが評価され——科学者はいつも内輪で評価を行っているのだ——だいたい次のような文で締めくくられる。

「彼／彼女は○○を発見した」

「彼／彼女は○○というみごとな理論の展開に寄与した」
「彼／彼女は○○の諸分野を初めて結びつける総合的研究を行った」

独創的な発見はいつでも、どこでも、特に準備をしなくてもできるものではない。科学的知識の最先端（フロンティア）に到達するには、先人たちの描いた地図が要る。一八五四年にルイ・パスツールが言ったように、「チャンスは備えある者のみに訪れる」ということだ。彼がそう言ってから、フロンティアまでの道のりはとても長くなり、そこに到達しようと旅する科学者の数も飛躍的に増えた。だが、きみにとって朗報もある。フロンティアは今や幅が非常に広がり、かつてよりも拡大しているのだ。その大きな広がりには、研究者のほとんどいない領域が物理学から人類学まで、どの分野にも残っている。きみはその広大な未踏の地のどこかに根を下せばよい。

でも、フロンティアは天才だけのものではないか、ときみは尋ねるかもしれない。幸いなことに、答えはノーだ。フロンティアで成し遂げた業績をもって天才かどうかが決まる。そこに到達しただけでは天才とは言えないのだ。実際、フロンティアで業績を上げ、決定的なエウレカの瞬間を手にするのは、生来の知性よりも進取の精神と懸命な努力による場合の方が圧倒的に多いため、ほとんどの領域では、並外れた頭脳はかえって障害になる可能性が高い。これまでさまざまな分野で成功を収めた大勢の研究者と出会ってきて思うのだが、理想的な科学者とは「そこそこ」頭の切れる者ではないだろうか。何ができるかを判断できる程度の聡明さは持ち合わせているが、できることを続けていくのに飽きてしまうほど聡明ではないということだ。非常に独創的で影響力のある研究を行い、ノーベル賞を受賞したある二人の研究者を見てもそう思う。ひとりは分子生物学者、もうひとりは理論物理学者で、研究を始めたときに測定したＩＱは百二十台前半だった（私は百二十三。自慢できる数値ではないが、これでもなんとかやってこられた）。ダーウィンのＩＱは百三十前後だったと考えられている。

では、ＩＱが百四十を超える者、百八十かそれ以上の天才と証明された者はどうか？　画期的で新しい概念を作り出すのはまさにこういう人々ではないか？　なかには科学の世界で大活躍している人もいるだろう。だが、ＩＱの高い人々の多くはメンサ（高いＩＱを有する人々のための知的交流を目的とする団体）のような団体に入り、おそらくは会計監査人や税務コンサルタントとして働いているのではないだろうか。私の見解は憶測にすぎないかもしれないが、中程度の聡明さがいちばんだという法則が成り立つ理由を考えてみよう。その理由のひとつとして、ＩＱの高い者にとって初期の訓練は簡単すぎる点が挙げられる。苦労しなくても大学の講義について行ける。データ収集と分析という、必要ではあるが退屈な作業にやりがいを感じられない。知能の劣る我々が進んでいかねばならないフロンティアに通じる険しい道を、彼らが好んで選ぶとはあまり思えないのだ。

こう考えると、科学研究で成功を収めようと夢見る者にとって、頭のよさだけが問題ではないことになる。数学がよくできるだけでも十分ではない。フロンティアに到達し、その地にとどまるためにはしっかりした労働倫理が不可欠だ。勉強や研究を長時間行える能力も求められる。また、研究を続けていれば行き詰まることが必ずあるが、それでも研究を楽しめるという能力も必要だ。このような苦労は、一流の科学研究者として認められるために支払う代価と言える。

真の科学者とは、かつて地図なき土地で宝を探していたトレジャーハンターのようなものだ。きみも彼らの仲間入りをしたら、冒険はすなわち探求（クエスト）であり、きみにとっての金銀財宝はすなわち発見である。探求をいつまで続ければいいかって？ きみ自身が達成感を得られるまでだ。いずれは世界屈指の専門知識を身につけ、必ずや発見を成し遂げるだろう。それも世紀の大発見かもしれない。きみが私とよく似たタイプなら（この点については私の知っている科学者ほぼ全員が当てはまる）、同じ関心をもつ専門家の友人ができるはずだ。自分の研究から日々満足感を得られるのも魅力だが、きみが尊敬している人々から高く評価される魅力も無視できない。さらに、自分の突き止めたものが今までにない形で人類に貢献すると認められる魅力もある。これだけでは気持ちが続かないかもしれないが、創造力に火をつけるには十分だろう。

険しい道と先に書いたが、どの程度大変なのかって？　この点について手加減をするつもりはない。私はハーバード大で研究者をめざす大学院生を中心に指導していた。院生は研究大学か教養大学で教えながら研究を続ける道を選ぶ。この組み合わせの場合、成功するために必要な時間を私は次のように定めた。まずは授業と事務に週四十時間、自分の専門とその関連分野の勉強の継続に最大十時間、そして研究に最低でも十時間――博士号を取った分野または博士課程修了後の研究分野、もしくはそれに近く学生時代に得た知識を活用できる分野となるだろう。週に合計六十時間がきついのは私も知っている。だから、あらゆるチャンスを利用して研究のために有給休暇を取り、フルタイムで研究できる日々を増やすことだ。学部の運営については、できることなら論文審査委員会で議長を務めるぐらいにとどめておきたい。口実をつけ、うまく避け、嘆願し、取引しよう。それから、きみの研究分野に関心をもつ才能ある学生と付き合う時間も作り、アシスタントとして採用する。それがきみのためでもあり、学生のためでもある。週末は休息と気晴らしに費やしてよいが、長期休暇での息抜きはなしだ。本物の科学者は長期休暇を取らない。現地調査旅行をするか、他の研究所で一時的に特別研究員になるかだ。他の大学や研究所から仕事を打診されたときは、研究時間がより多く取れ、教職や運営管理の責任がより少ないか吟味しよう。

このアドバイスに従うのに後ろめたさを感じる必要はない。大学の学部は「内部教授」と「外部教授」から成り立っているのだ。前者は他の学部メンバーとの親しい社交を含む仕事を楽しみ、大学に貢献していることに誇りをもっている。いっぽう後者にとって、社交とは主に仲間の研究者との付き合いになる。委員会の仕事は軽いが、生活費は他の方法で稼いでいる。外部教授は新しい考えと才能の流れをもたらし、発見の質と量に比例して名声も収入も高めていく。

研究者として大学で職を得るにせよ、そうでないにせよ、ひとつの場所で落ち着いてしまわないことだ。もし独自の研究を奨励し、それによって報酬を得られる研究所にいるのなら、そこにとどまるとよい。ただし、知的面では新たな問題や新たな機会を求めて動き続けることだ。生涯を通じて同じテーマに取り組むことに喜びを感じられる者は幸せだ。そういう者にはいずれきっと飛躍的な進歩を遂げる好機が訪れよう。高分子化学、生物学的プロセス用のコンピュータ・プログラム、アマゾンに生息するチョウ、銀河系の地図、トルコの新石器時代の遺跡などは一生を捧げるにふさわしいテーマだ。その世界に深く関われば、次々に小さな発見ができると保証しよう。だが、きみの進む道端に眠っている絶好のチャンスを見逃さないよう、常に注意しているべきだ。そういうチャンスに巡り合える可能性はいつでもあるのだ。まったく思いがけないものを見つけることもある。心の片隅に引っかかる何かちょっとした細かい点を追っていけば、それがきみの選んだテーマを膨らませ、または変貌させることにもなりかねない。もしそのような可能性を感じたら、つかみ取ろう。科学の世界ではゴールドラッシュは良いことなのだ。

こうした成功をより得やすくするためには、資質がもうひとつ求められる。きみがその資質に恵まれているかどうかわからないが、たとえ恵まれていなくても、せめてそれを高める努力はすべきだ。その資質とは進取の精神、すなわち手ごわい作業だときみが思い、他の誰もやってみようとは思わなかった何かを進んで試してみることだ。たとえば、きみも同僚もまだ訪れたことのない世界のある地域でプロジェクトを始める、自分の分野ではまだ使われたことがない器具や技術を試してみる、もっと大胆に、自らの知識をまだ適用されていない別の分野に当てはめてみる、などだ。

進取の精神は簡単にすばやくできる実験を数多く行うことで高められる。そう、「簡単にすばやくできる」ということが肝心だ。科学というと、実験の各段階できちんとノートを取り、一定の間隔で得られるデータについて定期的に統計的テストを行うといった、妥協を許さぬ緻密さが求められるというイメージが一般的だ。お金か時間が非常にかかる実験の場合は、このような緻密さが欠かせない。また、予備段階での結果をきみや他の研究者が再現して確認し、そこから結論を引き出す場合でも同じことが言える。だがその他の場合、おおざっぱで手軽な実験を行うのはまったく問題ないばかりか、大きな実りをもたらす可能性がある。そういう可能性はおおいにあるのだ。何かおもしろいことが起こらないかと試してみる。自然に揺さぶりをかけたら、秘密が見えてくるかもしれない。私自身このような実験に力を入れてきた。初期のおおざっぱな実験の例をいくつかご紹介しよう。慎重に行ったかどうかは別として、記録をつけていなかったため、記憶を頼りに書いてみる。

◎アリの行列の上に強力な磁石を置き、進む方向を変えられるか、せめて混乱させられるか試した。これでアリに磁気感覚があるかどうかがわかる。所要時間：一時間。結果：失敗。アリはまったく反応しなかった。

◎研究室で飼っているアリの後胸側腺をふさいでみた。これは胸部の両側に見られる小さな器官で、細胞が密集している。次に、蓋をした装置のなかでこのアリに土壌細菌の培養地の上を歩かせた。また、後胸側腺をふさいでいないアリも別の培養地の上を歩かせ、後胸側腺が空中に抗生物質を発散するかどうかを調べた。所要時間：一週間。結果：失敗（方法を変えてもっと粘り強く調べるべきだった。抗生物質が存在することを別の研究者たちが解明した）

◎二種のヒアリの混合コロニーを作ってみようと思い、アリの体を冷やして女王を交換した。所要時間：二時間。結果：成功！　私はこの方法を使い、二種を区別する特徴は異なる遺伝子によるものであると証明した（今度はきちんと記録をとり、慎重に実験を行った）。体を冷やして混ぜるやり方は、今日いくつかの研究で標準的な方法となっている。

◎一九五〇年代、アリは化学的なシグナル（のちにフェロモンと呼ばれる）を使って情報を伝達すると考えられていた。だが、触覚で叩く、なでるといった動作で伝達するという考えもまだ可能性を残していた。たとえば、同じ巣の仲間の体に触覚で短く触れるのが警戒信号なのかもしれない。そこで私は、匂いの道を作る腺を突き止めてみようと思った。もし成功すれば、アリのフェロモンを解き明かす第一歩となるかもしれない。ヒアリの働きアリの腹部に入っている主な器官をすべてばらばらにし、ひとつずつ人工的に臭跡を作ってみた。顕微鏡を覗きながら最も細い外科手術用の鉗子で切り取ってはつまみ上げるという根気のいる作業だった。所要時間：一週間。結果：最初に試した器官からはどれも反応が得られなかったが、驚いたことにデュフォー腺からは強い反応が得られた。これは針の根元に位置する指の形をした、ほとんど目に見えない器官だ。結果は大成功だった。ヒアリはその臭跡をただ追っただけではない。わざわざ巣から飛び出してきて跡を追ったのだ。デュフォー腺は道しるべと興奮剤の両方を兼ねていると思われた。これはフェロモン研究における新しい概念だった。それから数年間、私や他の科学者たちはアリの情報伝達の大部分を構成している十種あまりのフェロモンの解明に取り組んだ。

気軽にちょっとした実験を行うのはスポーツのような刺激があり、時間を無駄にするリスクも小さい。だが、準備段階でどうしても時間やお金、もしくはその両方がかかるとわかった場合、そのコストはまたたく間に足かせとなりかねない。また、失敗した場合は内容と方法を見直したうえで、最初からやり直すのが進取の精神というものだ。この点は科学者以外の職業も同じである。

きみがすでに大学院生か若き研究者となっていると想定し、最後にもうひとつ、実用的な助言をしてこの手紙を締めくくろう。きみがもし主要な研究設備を使って研修や研究を行えるのなら、たとえば超衝突型加速器（スーパーコライダー）、宇宙望遠鏡、幹細胞研究室などを使えるのならよいが、そうでない場合はひとつの技術に固執しすぎないことだ。技術の最先端をいく新しい機器が誕生すると、すぐに新たな研究の地平線が開けてくるかもしれないが、そのような機器はたいていの場合、最初のうちは高価で扱いが難しい。その結果、若い科学者のなかには、その機器を使って行える独自の研究に打ち込むよりも、新技術で身を立てようという誘惑に駆られる者が出てくる。たとえば生化学や細胞生物学では、さまざまな種類の分子をばらばらにするのに、だいぶ前から遠心分離機が欠かせないものとなっている。分子をばらすことで物理分析や化学分析が可能となる。ちょうど森から木を分離するようなものだ。それによって森全体の理解を深められる。遠心分離機は出始めた頃は専用の部屋がいるほど大きく、訓練を積んだ技術者でなければ操作できなかった。だが、やがて技術の進歩によって、研究者なら誰でもちょっとしたレクチャーを受ければひとりで扱えるようになった。さらに時が経つと、より小型で値段も安くなり、専用の部屋も必要なくなった。今日では、生物学の多くの分野で大学院生たちが卓上の機器としてふつうに使っている。同様に、使いこなすこと自体が大変だったのが進歩を遂げ、設備の整った実験室ならどこでも置くようになったものとして、走査型電子顕微鏡、電気泳動装置、コンピューター、DNA配列解読装置、推測統計学用ソフトウェアが挙げられる。

こうした技術の歴史から私が言いたいのは次のことだ。技術は使うものであり、惚れこむものではない。その技術が難しすぎて手も足も出ないというのなら、それが扱える協力者を募ればよい。きみが最優先すべきはプロジェクトだ。利用できる方法はなんでも使って、結果を公表することだ。

七通目

成功するために

Most Likely
to Succeed

天性の科学者を見つけるにはどうすればよいのだろう？　中等学校から見込みのある生徒を見つけ出し、才能を伸ばす特別なカリキュラムを受けさせるという動きが広まりつつある。私が知っているのは、故郷の町モービルにあるアラバマ数学科学スクールだ。大学のようなキャンパスがある全寮制の学校で、アラバマ州全体から選ばれた高校生に奨学金を提供している。学生は経験豊かな科学者の指導を受けつつ研究にいそしみ、科学や技術に没頭するのが当然という雰囲気のなかで学んでいる。今までのところ、卒業生のほぼ全員が大学に進学している。

科学者が書いた回顧録はあまり多くなく、科学を学びたいという思い、衝動、憧れの科学者、影響を受けた教師などについて語っているものはさらに少ない。そのような回顧録のほとんどを私は信用していない。著者に誠実さが欠けているからではなく、科学界にはそういう話を明かすのをよしとしない文化があるからだ。子どもじみていると受け止められかねないもの、詩的なもの、他の科学者にとってどうでもよく、まどろっこしく思われるものについて、科学者は極力触れずにすまそうとする。したがって、科学の発見物語の大半は事実のみの羅列という味気ない枠に押し込められ、せっかくのストーリーが退屈な代物になってしまう。科学者が回顧録を書く場合、謙遜を装うのは過ちでしかない。

退屈な書き方の例を挙げてみよう（あくまでも架空のものだ）。「ホワイトヘッド研究所のX線結晶学研究室で鳥の筋タンパクに取り組んでいるうちに、私は『自律的折りたたみ』という有名な問題に惹かれるようになり、次のように考えるに至った……」

こういう文章を書いている本人は、実際には本当に心惹かれ、やむにやまれぬ思いであれこれと考えたにちがいないが、読み手である私にはその心が伝わってこない。読者としては、目標を達成するまで苦労をいとわなかった理由を知りたいところだ。どんな点で冒険を試みたのか、何がその科学者の夢だったのか？

だから、科学者になる理由について、知らされていないことがたくさんある。アラバマ数学科学スクールのエリート学生たちは、たとえこの学校がなくても大学に進み、科学関連の仕事に就くのだろうか？

疑問はもうひとつある。そのような学生は小グループで研究に取り組むのと、たとえ一風変わったプロジェクトであっても各人が個々に選んだものに取り組むのと、どちらがより自分の気持ちを高め、また将来に役に立つのだろう？　いずれの疑問にもはっきりした答えは出ていない。ただ、すでに科学分野への関心を示している十代の若者たちにその方面の勉学を奨励すれば、きっと彼らが将来成功を収めるのに役立つと私は信じている。

チームを組む是非についての問題は、根本的に、科学者としての訓練を積むことで革新をもたらすという文脈のなかで生じてくる。これからの科学は多人数が頭を寄せ集める「チーム思考」の産物がますます増えていくと広く考えられている。たしかに、『ネイチャー』や『サイエンス』など権威ある雑誌に掲載される研究論文は、単独で執筆したものがどんどん減ってきている。共同執筆者は三人かそれ以上の場合が非常に多く、実験物理学やゲノム分析など一部の分野では研究所全体を巻きこむ必要があるため、百人を超える場合もある。

さらに今日では、科学や技術のシンクタンクがもてはやされている。新しいアイデアや製品を生み出す目的で、最も優秀な人々を集めているのだ。私はニューメキシコ州のサンタフェ研究所や、アメリカ屈指の大企業アップルとグーグルの開発部を訪れたことがある。正直なところ、時代を先取りしたその雰囲気にとても感銘を受け、グーグル社については「これこそが未来の大学だ」とまでコメントした。

こうしたシンクタンクは非常に頭の切れる人々に家と食事を提供する。人々は自由に歩き回り、コーヒーとクロワッサンを楽しみつつ小グループで語り合い、アイデアをぶつけ合う。そしてひらめきの瞬間を経験するのだ。おそらくはきれいに刈りこまれた芝生を散策しているときに、または美味しいランチに向かう道すがらに。これはたしかにすばらしいやり方だ。特に有効なのは、すでに確立された理論科学に問題がある場合や、新しい製品を考案しなければならない場合だ。

それでも、本当に新しい科学を創るのにチーム思考が最良の方法と言えるだろうか？　異端のそしりを覚悟のうえで、私はノーと言おう。創造的プロセスはそうした思考とは異なる形で展開されていくものだと私は信じている。発想は個人の頭のなかで芽生え、しばらくは誰にも語られずに成長していく。それはやがてひとつの考えとしてまとまっていくのだが、そのためには野心が欠かせない。科学のある領域で大きな発見をしたいという強い動機づけがあり、そのための準備が整っている個人が抱く野心だ。革新者として成功する者は、才能と環境の幸運な組み合わせに恵まれている。また、家族や友人、教師、指導者との出会いや、偉大な科学者とその発見物語との出会いといった社会的なものも条件となる。あえて言うが、革新者は攻撃的なところを備え、社会の一部や世界のある問題に対して激しい怒りに駆られることもあるだろう。だが、内向的なところもあり、チームスポーツや社交が苦手だ。権威を嫌う。少なくとも、◯◯をしろと人から命じられるのを好まない。社交クラブの会員になるタイプでもないだろう。幼い頃から夢想家であり、実行家ではない。関心は移ろいやすい。ものを詳しく調べたり、集めたり、いじくりまわすのを好む。空想に耽りがちで、ひとつのことに集中しない傾向がある。この人なら成功しそうだとクラスメートから選ばれることもなさそうだ。

私が出会った最も革新的な科学者たちは、教育を受けて研究の準備が整うと、他人から言われなくても熱心に研究に取り組んでいる。彼らはひとりで第一歩を踏み出すのを好む。解決すべき問題、今まで見過ごされてきた重要な現象、誰も思いつかなかった因果関係を探し出そうとする。誰よりも先に血の匂いを嗅ぎつけようとする。

だが、現代科学のフロンティアでは、新しい考えが実を結ぶには必ずと言っていいほど多様なスキルが求められる。革新者は「仲間」を加えることになるだろう。数学者、統計学者、コンピューターの専門家、天然物化学者、実験やフィールドワークの助手を一人から数人、専門の同じ同僚を一人か二人——プロジェクトを成功させるために必要な人なら誰でも共同研究者になれる。共同研究者もやはり同じ考えを抱いている革新者だという場合が多く、こちらの考えに修正や追加をしてくる傾向がある。必要な人材が揃い、議論が熱を帯びてくる。議論を戦わせる相手は同じ場所の科学者かもしれないし、世界中に散らばっている科学者かもしれない。こうしてプロジェクトは前進し、独自の結果が得られるまで進み続け、チーム思考が実りをもたらすのだ。

革新者、創造的な共同研究者、またはまとめ役。科学者として成功を収めていく過程で、おそらくきみはどの役も果たすことになるだろう。

八通目

私は変わっていない

I Never Changed

六十年を超える研究人生の終わりに近づいた今になって振り返ってみると、テーマを自由に選んでこられたのは運がよかったと言わざるを得ない。今後については、もはや大きな期待を抱いているわけではなく、ささやかな野心も失われつつある。そんな今だからこそ、うわべだけの謙遜さに煩わされることなく、私がどのようにして大きな発見を成し遂げられたのかをきみにお話しできる。若かりし頃、私が年上の科学者たちに対して感じたことを、きみにも感じてもらいたいと思う。「あの人にできるなら私にだってできるはずだ。私の方がもっとうまくやれる！」

私の場合、スタートはとても早かった。キャンプ・プッシュマタハでヘビ使いとして人気を得たときよりも前からこの道に入っていた。きみも今より若い頃からスタートしていたかもしれないし、今まさに始めたばかりかもしれない。一九三八年、私が九歳のとき、家族は南部から首都ワシントンDCに引っ越した。父が農村電化事業団の監査役として二年の任務を与えられたのだ。当時は大恐慌の時代で、アメリカ南部の田舎に電気を引くよう連邦政府機関から委託されていた。私は小さな子どもだったが、特にさびしいとは感じなかった。この年代の子どもは誰でも友人を見つけられる。近所の小さな少年グループに入ることだってできる。もっとも、グループのボスと殴り合いをするリスクもあるのだが……（上唇と左眉の傷は何年も消えなかった）。それでも、最初の夏休みはひとりきりで自由に過ごした。息の詰まるようなピアノのレッスンもなく、親戚を訪ねる退屈な行事も、サマースクールも、ガイドつきツアーも、テレビも、少年向けクラブも、何もなかった。じつにすばらしい夏休みだった！　私はフランク・バックの映画に夢中になっていた。彼が遠い国のジャングルを探検し、野生動物をつかまえるという映画だ。また、『ナショナル・ジオグラフィック』で昆虫の話も読んでいた。メタリックカラーの巨大カブトムシにけばけばしいチョウ、誌面で紹介されている昆虫のほとんどは熱帯に生息していた。特に心を惹かれたのは「野蛮で文明的なアリ」という特集の号だった。これがきっかけで、私はアリを探し始めた。アリならどこを見てもわんさといる。アリ探しに困ることはまったくなかった。

もちろん、切手のコレクションもしたし、漫画本を買い集めてもいたが、私はチョウやアリの採集を続けた。昆虫を採集し観察するのにややこしいことは何もない。しばらくの間、昆虫は私にとってライオンやトラの代わりになった。百人もの原住民の協力を得て罠で獲物を捕えるという具合にはいかなかったが、それでも実際に自分で捕獲できるのが魅力だった。こうして私はカバンに空き瓶をいくつか入れて、近くのロック・クリーク公園に出かけた。これが初めての探検だった。落葉樹の林のなかに入り組んだ小道が続いている。私は思いきって林のなかに入っていった。その日の収穫は今もはっきり覚えている。コモリグモ、緑に赤の混じったキリギリスの幼虫も含まれていた。

その後、私は獲物にチョウも加えることにした。義母が虫取り網を作ってくれた。（その後は自分でいくつも作った。きみも作ってみたいのなら、作り方を教えよう。ワイヤー製のハンガーを曲げて丸い輪にする。フックの部分は伸ばして、箒の柄の先に押し込む。フックは木が焦げるよう熱く焼いておくこと。箒のブラシ部分は切り落とす。そしてガーゼか蚊帳の生地で袋を作り、丸い輪に縫いつける）

こうして「武器」を手に入れてから、チョウのコレクションはどんどん増えていった。この時期にいちばん仲のよかったエリス・マクラウドは、のちにイリノイ大学の昆虫学教授になるのだが、自宅のアパートメントの前の茂みでチョウが飛んでいるのを見たと話してくれた。大きさは中くらい、黒い羽に赤い線が入っているという。彼と一緒にチョウの本を見つけ、それがヨーロッパアカタテハだとわかった。その本が昆虫に関する私の蔵書の第一冊目になった。ちょうどこの頃、再婚してケンタッキー州ルーイビルで暮らしている私の母が美しいイラスト入りのチョウの大判本を送ってくれた。だが、私は頭を抱えた。この本に載っているチョウで知っているのはモンシロチョウだけなのだ。モンシロチョウはかつてヨーロッパからたまたまアメリカに入ってきた種だ。後になって気づいたのだが、これはイギリスのチョウの本だった。

私の将来は決まった。大人になったら昆虫学者になろうとエリスと語り合い、二人で大学生が読む教科書に取り組んだが、必死に読んでもほとんど理解できなかった。公立図書館から借りた本のなかにロバート・E・スナッドグラスの『*Principles of Insect Morphology*（昆虫の変態の法則）』（一九三五年）があった。一ページずつ読み進めていったものの、おそろしく手ごわい本だった。この本を大人の生物学者が参考資料に使っていることを当時は知らなかった。また、昆虫コレクションを見に二人で国立自然史博物館を訪れた。そのとき気づいたのだが、ここの学芸員は本職の昆虫学者なのだ。昆虫学の神（スナッドグラスもそのひとりだ）には出会えなかったものの、神に近しい存在がアメリカ政府の職員として勤めているとわかっただけで、いつかはこんなレベルにまでいけるかもしれないと希望を抱くことができた。

一九四〇年、家族と共にモービルに戻った私は、故郷の豊かなチョウ類の世界に飛び込んだ。亜熱帯気候で近くに沼地もある。私の幼い夢はほぼ現実のものとなった。ヨーロッパアカタテハ、ヒメアカタテハ、キュベレギンボシヒョウモン、キベリタテハ、そしてもっと北の地で典型的に見られるテングチョウ、ヒョウモンドクチョウ、イチモンジセセリ、オオムラサキシジミ。すばらしいアゲハチョウも数種手に入れた——ドルリーオオアゲハ、トラフタイマイ、クスノキカラスアゲハだ。

その後、私はアリに目をつけた。チャールストン通りに建つ我が家の隣に雑草の生い茂る空き地があり、そこに生息している種を全部見つけることにした。それは偏執的とも言える決意だった。当時の私は種の学名を知らなかったが（今は知っている）、四分の一千平方メートルほどの空き地のどこにどのコロニーがあったか、今でもはっきり覚えている。アルゼンチンアリは冬になると空き地の端にある腐った木の柵のなかに身をひそめ、暖かい季節は雑草の間に散らばっている。強靭な顎と危険な針をもつ大型の黒いアリ（アギトアリの仲間）は、空き地の隅に生えているイチジクの下に積み重ねた屋根板をすみかとし、ヒアリは通りに面した端に巨大なドーム状のアリ塚を作っていた。また、ウイスキーの古い空き瓶の下には小型の黄色いアリ（オオズアリの仲間）の巣ができていた。

それから三年後、プッシュマタハで自然について教えるカウンセラーを務めたのがきっかけで興味の対象がヘビに移り、アラバマ州南西部に生息する何十種ものヘビをできる限り捕まえ始めた。

こんな昔話をしたのは、きみ自身の興味の軌跡と関係があるかもしれないと思ったからだ。

私は昔からまったく変わっていない。

九通目

科学的思考の原型

Archetypes
of
the Scientific Mind

自分の性格は大人になってからの方がより理解でき、より受け入れられるようになるものだが、芽生えるのは幼年時代であり、それから青年期にかけて大きく枝葉を広げていく。その後は創造的な仕事の源泉として、生きている限り存続していく。

五通目の手紙で、理想的な科学者は発見をするごく初期の段階で詩人のように考えると書いた。自分の仕事に期待されていることを簿記係のようにこなしていくのはそれからだ。創造的な仕事へと駆り立てる力は情熱であり、適度な野心だとも書いた。ここでもう一度強調しておく。対象への愛それ自体が称賛に値するのだ。新たな真実を発見して得られる喜びによって科学者は詩人となり、昔から知られる真実を新たな方法で表現して得られる喜びによって詩人は科学者となる。この意味において、科学と芸術は根本的に同じだ。

科学を寺院にたとえてきみに語ることもできる。その限りない部屋や回廊について語り、進むべき道の見つけ方をさらに教えることもできる。でも、自分で進んでいくうちにそういうことはすべてわかってくるものだ。今の段階では、心理学の助けを少し借りてみよう。科学の仕事からどのような満足感を得られそうか、視野を広くもって自分の胸に訊いてみるとよい。こうした自己分析は、研究や教職、ビジネス、政治、マスコミといった職業にも当てはめることができる。

心理学者は性格を構成する五つの要素を特定した。それには遺伝子の違いに基づく部分もある。人の内面は遺伝子を基本として成り立っている。これは私の印象なのだが、研究を主とする科学者は、外向的というよりもむしろ内向的な傾向があるようだ。人当たりのよしあしはどちらとも言えず（どちらもありうる）、経験に対しては誠実に、積極的に受け入れる姿勢が強い。創造的な仕事へ向かわせる生活環境は人それぞれ大きく異なり、ある特定の研究に結びつくものに関心をもつに至った出来事も、やはり人それぞれだ。

にもかかわらず、私はもう一度繰り返して言いたい。科学や技術の研究に身を捧げようときみの心に最も強く働きかけるのは、かつて影響を受けたイメージや物語だ。特に子どもの頃から青年期の終わりにかけて――だいたい九歳か十歳から二十代前半ぐらいまでの間だろう。そして、決意をもたらす出来事というのは、長年にわたり最大の影響力をもつ比較的数少ない一般的なイメージに分類される。このイメージを私は原型と呼ぼうと思う。なぜなら、比較的幼い時期に言語や数学を習得しやすくなる刷り込みと同等の力をもっているからだ。原型とは、心理学者が指摘しているように、神話や創造的芸術における物語によって一般的に表現されている。また、テクノサイエンスの大事業でも力強く示されている。きみがもし原型のひとつかそれ以上に心を揺さぶられているのなら、きみ自身がこれから創造的に生きるうえで良い意味での違いが生じるだろう。

未踏の地への旅

この憧れはさまざまな形をとる。名もなき島を探す。遠い山に登り、その向こうに広がる景色を見る。調査されていない川を上る。その地に住んでいると噂される種族と接触する。失われた世界を発見する。シャングリラ（ユートピア）を見つける。他の惑星に降り立つ。遠い国に定住し、新たに人生を始める。

科学や技術の世界では、この原型はさまざまな形で表現される。調査の行われていない生態系で新たな種を見つける。細胞の構造を調べる。思いがけないフェロモンやホルモンが生物同士や組織を結びつけていることを突き止める。地球のいちばん深い海底を調査する。構造プレートや峡谷の輪郭に沿って旅して地図を書く。地球の内部を核まで覗きこむ。宇宙の外側を見る。他の惑星に生命の証を発見する。地球外知的生命体探査協会（ＳＥＴＩ）の望遠鏡で異星人のメッセージに耳を澄ます。地球上の生命の誕生にまでさかのぼる化石から古代生物を発見する。人類出現以前の我々の祖先の化石を発見し、我々がどこから来たのか、何者なのかをついに解き明かす。

聖杯の探求

聖杯はさまざまな形で存在する。古代に存在したが失われたか門外不出だった処方（または お守り）。金の羊毛。秘密結社のシンボル。賢者の石。地球の中心に続く道。悪霊を解き放つ呪文。悟りを開き、魂を超越する方法。隠された宝。難攻不落の門を開ける鍵。若さの泉。不死身になるための儀式または魔法の薬。

現実の世界に戻り、科学の目標に目を転じてみると、やはり同じように気持ちを高揚させるものが見つかる。新しく強力な酵素やホルモンの発見、遺伝子暗号の解読、謎に包まれた生命の発生の発見、最初に進化した生物の証拠の発見、実験室で単純な生物を創り出す、人の不死を可能にする、制御された核融合電力の達成、暗黒物質の謎の解明、ニュートリノやヒッグス粒子の発見、ワームホールや多元的宇宙の推定などは現代の聖杯だ。

善対悪

宇宙からの侵入者との戦いとなると、神話も我々の感情もより強く駆り立てられることになる。新しい土地を我々自身で征服する（この場合、我々というのはもちろん文明化され、高潔で、敬虔で、選ばれし者とそれに対峙する野蛮人という形をとる）。神とサタンの戦い。邪悪な圧制者の打倒。あらゆる困難を乗り越え革命を成し遂げる。ヒーロー、チャンピオン、殉教者がついに名誉を回復する。是非をめぐる内面の葛藤。善き魔法使い。守護天使。魔力。犯罪者を逮捕し罰する。内部告発者の擁護。

現実の科学の世界では、癌との闘いと呼ばれるものに我々は駆り立てられる。癌以外の死に至る病との闘い。飢饉の克服。世界を救う新たなエネルギー源を使いこなす。地球温暖化を食い止める運動。法医学でＤＮＡ鑑定を駆使して犯罪者を捕まえる。

このような原型は人の本質の奥深い所から生じたものだ。人の心を惹きつけ、理解しやすく、創世神話の意味と力を伝え、歴史の壮大な物語のなかで何度も繰り返し語られる。原型は偉大なドラマや小説のテーマでもあるのだ。

十通目

宇宙の探検者としての科学者

Scientists as Explorers of the Universe

ニューヨークの探検家クラブは、地球上そして宇宙空間における探検をたたえるため、一九〇四年に設立された。やがてロバート・ピアリー、ロアール・アムンセン、セオドア・ルーズベルト、アーネスト・シャクルトン、チャールズ・リンドバーグ、エドモンド・ヒラリー、ジョン・グレン、バズ・オルドリンその他、二十世紀の有名な探検家が名を連ねていった。東七十丁目の探検家クラブ本部には、世界の偉大な探検家たちの記録や記念品がぎっしり詰まっている。有名な探検旗も保存してある。遠い土地、近づくのがほぼ不可能な場所へと向かった隊員たちが何十年も引き継いできた旗だ。探検家が生還すれば旗も戻る。何を発見したかという土産話ももたらされる。

毎年クラブ主催の夕食会が催される。場所はウォルドーフ＝アストリア・ホテル、アメリカが富み栄えていた時代を思い出させる壮麗な建物だ。出席者は正装で、今までの偉業で授与されたメダルなどがあれば身につけることになっている。私が知る限りでは、このような飾り物をつける機会は北米でこの会だけだ。パーティーの場では、メダルをいくつも下げていても、それが興を添えることになる。食事内容は、もし食糧を切らした場合に探検家は何を食べるのかというテーマに沿って、ユーモラスなものが供されるのが恒例となっていた。クモの砂糖煮、アリのから揚げ、ぱりぱりのサソリ、バッタのあぶり焼き、炒ったミールワーム、風変りな魚、野生動物。ある年、ひとりの出席者が体調を崩したため、このような料理は出されなくなった。

二〇〇四年、私はこのクラブの名誉会員に選ばれた。会員二十人だけに与えられる名誉で、二〇〇九年には最高の賞である探検家クラブメダルを授与された。連絡を受けたときは、私がこの賞を受けるのはまったくの筋違いではないかと思った。他の人もそう思ったかもしれない。私は極地の氷原で食糧不足に苦しんだこともない。人類未踏の南極の山を征服してもいない。かつて知られていなかったアマゾンの種族と接してもいない。私の受賞理由は科学だった。探検家クラブ委員会は、地球上に残るいまだ探検されていない領域の概念を広げることにしたのだ。テディ（＝セオドア）・ルーズベルトがアマゾンの名もなき川を下り、ロバート・ピアリーとマシュー・ヘンソンが北極点に到達してから時は経ち、従来の世界地図は今やほぼ人跡で埋めつくされている。人が徒歩で、またはヘリコプターで訪れたことのない地表はほとんどなく、取り残されている土地にしても最後の一平方キロに至るまで衛星で調べられる。日ごとに観測することだってできる。深海を除き、他に世界地図に書き込むような重要なものは、あと何が残っているだろう？　答えはまだあまり知られていない生物多様性だ。生物圏と呼ばれる地球の薄い層を構成しているさまざまな植物、動物、微生物だ。顕花植物、鳥類、哺乳類はほとんど発見され、記録され、学名を与えられたものの、その他のグループに属する種の大部分はいまだに発見されていない。生物学者もナチュラリストも、プロもアマチュアも、新たな種を発見し生物圏の地図に書き込もうとする者は誰でも地球の真の探検家の仲間入りをしているのだ。

生物多様性が調べる価値のある未知の領域として正式に加えられたのは二〇〇九年だった。この年の夕食会で、私はメインスピーチをするという非常にすばらしい体験をした。その晩は胸躍る出来事が多々あったのだが、まっさきに思い浮かぶのはテンジン・ノルゲイのご子息とお会いしたことだ。ノルゲイはエドモンド・ヒラリーと共に一九五一年、エベレストに人類初登頂した。彼が下山したときのエピソードを私はご子息に話した。「偉大な人となったご感想は？」と記者に訊かれたテンジン・ノルゲイはこう答えた。「人を偉大にさせるのはエベレストです」。若い生物学者、特に科学と実際の冒険を結びつけたいと夢見る人々のために、私はこうつけ加えたい。壮大なスケールの冒険のチャンスを与えてくれるのは生物圏だ、と。

二〇〇六年七月三日の月曜日、探検家クラブは生物多様性について調べるため、初めての「遠征」を行った。アメリカ自然史博物館をはじめ、自然に関わる地元の各団体も加わり、ニューヨーク市のセントラルパークでバイオ・ブリッツを行ったのだ。バイオ・ブリッツとは、細菌から鳥類まであらゆる種類の生物の専門家が集まり、決められた期間内（たいていは二十四時間と短い）にできる限り多くの種を見つけ識別するというイベントだ。その日のねらいは、人が踏み固めた都会でもさまざまな生命が満ちていることを広く一般に知ってもらうことだった。三百五十人のボランティアが参加し、その日一日でなんと八百三十六種も見つかった（いいかい、ここはニューヨーク市だよ）。植物三百九十三種に動物百一種。動物の内訳はガ七十八種、トンボ九種、哺乳類七種、カメ三種、カエル二種、そしてごく小さな芋虫に似た緩歩動物（クマムシ）二種。緩歩動物は世界でもあまり研究されていない謎に包まれた最後の動物なのだが、セントラルパークで発見されたのはその日が初めてだった。カエルのうち一種はニューヨーク市とその周辺のみで見つかっているもので、科学的にまだ新しい種であることが判明した。

二〇〇三年七月八日の火曜日、バイオ・ブリッツで初めての試みとして土と水のサンプルが採集され、細菌など微生物の分析が行われた。微生物はあらゆる生命体のなかで最も数や種類が多い。このときは冒険と呼べるようなことも行われた。世界中の海に潜り、すぐれた海洋生物学者として有名なシルビア・アールが、セントラルパークのベセスダ噴水のそばにある小さな湖に潜り、我々のリストに水生生物を加えようと申し出てくれたのだ。この湖は濁っていてヘドロがたまっている。「サメやシャチなどのいる海に潜るのはまったく平気だけれど、セントラルパークのあの緑色の湖はとても怖かったわ。微生物が心配だったから」。アールはこう言った。彼女とその仲間が勇気を出して潜ってくれたおかげで、相当数の種がリストに加わった。彼女はこんな報告もしている。「そばに巻貝が浮かんでいたの。この湖に生息しているのか、近所のレストランでエスカルゴとして出されているのかわからないけれどね」

地球上で動植物または微生物がひしめき合っていない場所というのは本当にわずかしかない。現時点では、生物の多様性は事実上ほぼ無限に思われる。そして生物種のひとつひとつが科学者に重要な研究のチャンスを無限に与えているように思われる。

森で腐りかけた切り株を見つけたとしよう。ちらっと一瞥しただけでそのまま通り過ぎてしまいそうだが、ちょっと待ってほしい。切り株の周りをゆっくり歩き、科学者のようにじっくり観察してみよう。きみの目の前にあるのは、まさに人類未踏の惑星のミニチュア版なのだ。腐りかけの切り株から何を学べるかは、きみが職業として選んだ科学分野とその訓練内容による。物理学、化学、または生物学からテーマを引き出してみることだ。想像力を働かせば、腐りかけの切り株を中心とした独自の研究プログラムを思いつけるだろう。

この点について、もっと一緒に考えてみよう。私は生態学と生物多様性を専門としている。重なり合う部分のあるこの領域にきみも足を踏み入れ、問いかけてみようではないか。小さな惑星とも言えるこの切り株にどんな生物がいるのか、と。

まずは動物から始めよう。切り株の側面、根元、または根の下にネズミぐらいの大きさの哺乳類が入れる空洞があるかもしれない。それほど大きくなくても、カエルかサンショウウオ、ヘビ、トカゲが入れるものならありそうだ。次に、目をこらして昆虫その他の無脊椎動物を探してみよう。体長一ミリから三十ミリ程度なら、たいていは裸眼で見える。こうした生物は何百万年もかけ、それぞれ特定の場所に適応できるよう進化してきた。大型の無脊椎動物は昆虫だ。分類学を学んだ昆虫学者なら（昆虫学者でなくても、ある種を他の種と見分けないといけない科学者なら）、切り株に生息している甲虫に注目するはずだ。オサムシ科、コガネムシ科、ゾウムシ科、コケムシ科、さらに数種が見つかるだろう。種の多さで甲虫に匹敵する生物グループは世界のどこにもない。だが、種の多様さではいちばんでも、個体数では甲虫がいちばんではない。切り株の腐敗が進んでいれば、アリのコロニーが見つかるだろう。樹皮の下の粉くずのなかや地中の根の間だ。株の中心部はシロアリが穴だらけにしているかもしれない。樹皮の表面や裂け目には樹皮シラミ、トビムシ、原尾目の昆虫、ハエやガの幼虫、ハサミムシ、ハサミコムシ科の昆虫、結合類（多足類の仲間）が見つかる。そこには昆虫以外の無脊椎動物も無数に群がっている。甲殻類のダンゴムシ、ごく小さな環形動物、ナメクジ、カタツムリ、少脚類（多足類の仲間）、そしてダニ類の巨大な動物相。ダニ類では丸くて動きの鈍いササラダニの数が最も多く、捕食性で足の速いカブリダニがそこかしこに散らばっている。クモは巣を張るものも徘徊性のものも種類が多い。

切り株の表面に生える苔や地衣類――これだけで独自の小さな世界を築いている――のなかには先に述べた緩歩動物がうろついている。緩歩動物は芋虫とミニチュアのクマの中間のような体形なので、クマムシとも呼ばれる。こうした小さな動物のなかで最も数の多いのは、裸眼でかろうじて見える程度の線虫だ（回虫とも呼ばれる）。線虫は世界中の動物の個体数の五分の四を占めると考えられている。

動物名の羅列が続き、まるで電話帳から一ページ破り取ったような手紙になってしまったが、安心してほしい。頭が混乱するのはどの生物学者も同じなのだから。だが、今まで述べたものはまだほんの序の口にすぎない。切り株に生息するもののリストはとても長いのだ。

切り株が朽ちていく間に菌類の菌糸が内部に入りこむ。樹皮をはがしてみると、クモの糸のように細い菌糸が垂れ下がっている。微細な菌類は湿り気のある所ならどこでも大量にいる。繊毛虫類その他の原生生物は薄い水の膜や水滴のなかで泳いでいる。

だが、切り株の生態系に生息するこうした生物は、種の多さでも個体数でも細菌の足元に及ばない。切り株の表面についている屑一グラム、または切り株の下の土一グラムだけで十億もの細菌がいるのだ。この大群衆は五千種から六千種と推定されているが、そのほぼすべてが科学的に知られていない。細菌よりさらに小さく、種の数も個体数もさらに多いと思われるもの（はっきりとはわかっていない）はウイルスだ。切り株という世界のなかで最底辺をなす彼らの大きさをたとえで示してみよう。多細胞生物の細胞ひとつを小さな町とすると、細菌はフットボール場、ウイルスはフットボールとなる。

だが、切り株の横で一時間なり一日なり過ごしてみたところで、この集合体はスナップ写真のようなものでしかない。何カ月、何年と経って切り株がさらに朽ちていくにつれ、そこに生息する種も、それぞれの種の個体数も、その生態的地位も徐々に変化していく。木を切ったばかりで樹脂が漏れている頃から、朽ちてぼろぼろになり栄養素が土壌へと染みこんでいくまでの間に新しい生態的地位が開かれ、古い地位は閉ざされていく。そして最後に切り株はぼろぼろの破片と外枠だけとなり、周囲の植物の根に割りこまれ、そびえる木々の林冠から落ちてくる枯れ枝や葉に覆われる。その間も切り株はミニチュア版の生態系であり続けているのだ。

朽ちていく各段階で、切り株の動物相と植物相は変化していく。生物群と無生物群から成るどの一立方センチのなかにも、エネルギーと有機物を周囲の環境とやりとりするシステムが出来上がっている。

きみがもし生態学者か生物多様性を研究する科学者になると決意したら、この特殊な世界をどう使うだろう？　この小宇宙によって示される地球の生物圏には変化形がほぼ無限にあるのだが、きみや仲間の研究者はどうやって地球全体を包括的に扱うのだろう？　今までに多くが書き記されてきたが、知られていることは非常に少ない。切り株に生息しているすべての種の個体数調査すらなされていない。陸上や海中には種類の異なるミニチュア版生態系が無数にあるのだが、これらについてもいまだに未知のままだ。記録もなされていない。各生物種がどのように生き、どのような役割をはたしているのかについても同様で、知られていないことがあまりに多い。総合体としての生物の秩序と一連の作用は、我々が有している全世界の他の知識すべてをしのいでいるのだ。

覚えていてもらいたい。生物種のどれかひとつからでも研究科学者として輝かしい業績を築くことができる。生物学、化学、そして物理学でも、さまざまな領域に貢献できるのだ。ドイツの偉大な昆虫学者カール・フォン・フリッシュは、ミツバチに関して数多くの発見をした。あの象徴的な尻ふりダンスでコミュニケーションを取ることも、場所を記憶するすばらしい能力も彼が発見したのだが、このわずか一種の昆虫の生態について、研究はまだ始まったばかりだと彼にはわかっていた。フリッシュはこう語っている。「ミツバチは魔法の泉のようなものだ。汲めば汲むほどさらに汲むべきものが湧いてくる」

III 科学者としての人生

A Life in Science

十一通目

指導者との出会い、学究生活の始まり

A Mentor and the Start of a Career

ろくに教育も受けていないアラバマ大の学生だった私は、十八歳のときにハーバード大学院生のウィリアム・L・ブラウンと文通を始めた。七歳しか違わないのに、ビル（ウィリアムの愛称）はすでにアリの研究で第一人者となっていた。当時アリを専門とする研究者は世界に十人あまりしかおらず、彼はそのひとりだった（害虫駆除の専門家は含めていない）。

ビルのどこがいちばん魅力かというと、狂信的と言えるほどまでのめりこむ姿勢だった。科学、昆虫学、ジャズ、アリ…と興味の対象がどんどん増えていく。一九九七年に書いたビルへの追悼文でも触れたのだが、彼は一流の精神を備えた労働者階級の人間だった。酒場に通い、ビールを愛し、当時のハーバード大が課していた厳格な服装規定に合う貧しい身なりをし、大学では人を小馬鹿にした態度を装っていたが、彼と友人になった者にとっては天の恵みのような人だった。

「ウィルソン……」彼は十代の後輩にこう書き送った。「アラバマで見られるアリの種すべてを同定するというきみのプロジェクトは、手始めとしてすばらしい。だが、もっと基本的なテーマにそろそろ真剣に取り組むべきだ。きみが生物学でオリジナルな研究を進めていけるテーマにね。アリを研究するつもりなら本気で取り組まないとだめだ」

初めて知り合ったとき、ビルはウロコアリと呼ばれるアリのグループの分類に没頭していた。ウロコアリの生息地は主に熱帯と一部の暖温帯に限られ、特異な生体構造によって簡単に見分けがつく。大顎は長く、その先端は鉤型になり、針状の歯が並んで生えている。体は立毛に覆われているが、縮れ毛またはへら状の毛がさまざまな混ざり具合になっている。また、ウロコアリの多くの種では、スポンジ状の組織の塊がウエストをぐるりと囲んでいる。

ビルはさらに続けてこう書いている。「ウィルソン、アラバマには多くの種のウロコアリが生息している。我々の研究用にできるだけたくさんコロニーを集めてもらいたい。また、集めながら、その習性について何か発見してほしい。ウロコアリについてはほとんど何もわかっていないんだ。何を餌としているのかすらわからない」

彼が私を仲間として扱ってくれることがうれしかった。軍事訓練で軍曹が兵卒を指導するようなものだ。もし私が海軍に所属していたら、地獄まで彼についていったと思う――地獄のどこかにアリが生息していると仮定しての話だが…。経験も積んでいない若造だった私に、ビルはプロの昆虫学者としてふるまうよう求めた。とにかく野に出て任務を果たしてくるよう要求した。「自分の気持ちと相談して」だの「自分がいちばん好きなことは何かを考えろ」だのとはいっさい言わなかった。

ビルから信頼されて意を強くした私は野に出て任務を果たした。まずは焼き石膏を箱状にしたものをいくつも作り、自然のなかでコロニーが住んでいるのと同じ程度の大きさの空洞をつけた。その隣により大きな空洞をつけ、アリが餌を狩る場とした。数多くのこうした空洞に生きているダニ、トビムシ、昆虫の幼虫その他、ウロコアリの巣の周辺で見つけたさまざまな無脊椎動物を入れた。のちに私はこの方法を「カフェテリア・メソッド」と名づけた。

私の努力はすぐに報いられた。小さなウロコアリは体の柔らかいトビムシ（専門用語ではentomobryoid collembolans）を好むとわかったのだ。ウロコアリが獲物に忍び寄って捕えるようすを観察してみると、その奇妙な生体構造がすっかり腑に落ちた。トビムシは世界中の土壌のなかや落ち葉にたくさんいて、場所によっては昆虫の優占種のひとつとなっている。だが、アリ、クモ、ゴミムシといったふつうの捕食者にとって、トビムシは捕まえるのが非常に難しい。トビムシは体の下側に長いてこ状の跳躍器があり、ふだんはロックされているのだが、いざとなるとこれが勢いよくはじける。ネズミ捕りのような作りだ。トビムシはほんのかすかにでも危険を察すると、跳躍器のロックがはずれる仕組みになっている。はずれると跳躍器は地面を叩きつけ、トビムシは空中高く放り出される。これは人間にたとえると高さ二十メートル近く、距離はフットボール場ほどという離れ業だ。

このすばらしい跳躍力のおかげでトビムシはたいていの捕食者から逃げられるのだが、ウロコアリにはかなわない。ウロコアリは触覚にある感覚受容器によって近くにトビムシがいると察知すると――目はほとんど見えないのだ――長い大顎を大きく開く。種によっては百八十度かそれ以上に開き、前頭部にある一対の可動性の留め金のようなもので固定する。それからゆっくりと、まさに一歩ずつ慎重に歩を進めながら獲物を追跡し始める。トビムシが近くにいるとき、ウロコアリは世界で最も歩みの遅いアリの一種となる。触覚を左右にゆっくりと、左前方からの臭いが弱まれば右に、右前方からの臭いが弱まれば左に動かしつつ、獲物の位置を定めていく。上唇には二本の長い感覚毛が生えており、その先端がトビムシに触れた瞬間、大顎を固定している留め金がはずれ、その根元で張りつめていた強靭な筋肉が自由に動かせるようになる。大顎が勢いよく閉じると同時に、針のように鋭い歯がトビムシの柔らかい体に突き刺さる。このときトビムシはとっさに腹部の跳躍器を使うことがよくあり、そうなるとトビムシと共にアリも宙にはじき飛ばされる。ウロコアリとトビムシがライオンとアンテロープの大きさだったら、野生動物の写真家たちはさぞ大喜びするだろうに、と私はよく思ったものだ。

ビルとは研究を始めた頃から共著で、または単独でさまざまな論文を発表していたが、そこからウロコアリの生態が初めて明らかになっていった。まず、大顎を閉じる速さは動物界で最速の動作のひとつだと生理学者たちが突き止めた。また、ウエスト周囲のスポンジ状組織は、トビムシを引き寄せる化学物質を発生させていることが後の研究者たちによって判明した。

やがて我々や他の昆虫学者たちは、ウロコアリがすべてのアリのグループのなかで最も数が多く分布範囲も広いことを突き止めた。体が小さいため、土壌中や落ち葉にいても目立たないのだが、ウロコアリは世界中の生物の生息環境において、食物連鎖の重要な鎖になっている。ちなみに、ウロコアリの種の多くは先の手紙に書いたような、腐りかけの切り株のなかでコロニーを形成している。

それからの十年間、ビルと私は必然的に進化生物学へと進んでいった。私たちは増えつつある情報を武器に、何百万年もの間にウロコアリが世界中に広がり、種の種類が増えていくさまを追ったのだ。種によって解剖学的なサイズが大きくなったり小さくなったりするのはどのような条件によるのか、どのように変化していくのか？　種によっては土壌中に巣を作るものもあれば、地面に落ちている枝、腐りかけの丸太や切り株のなかに巣を作るものもあるが、なぜ、どのようにしてそう進化したのか？　なかにはランの塊根（かいこん）のみ、熱帯雨林の林冠に生育する着生植物のみに住む種もあるのだ。

研究を続けていくにつれ、ウロコアリの歴史が見えてきた。そして、ウロコアリはたとえば全偶蹄類、全齧歯類、全猛禽類にも匹敵するほど壮大な進化を遂げてきたことが判明した。ウロコアリのような小さなアリなど、重要でもなければ注目する価値もたいしてないと思ったら大間違いだ。その莫大な数と総重量は、個体の卑小さを補ってあまりある。生物多様性と生物の総重量いう点で、世界最後の砦のひとつであるアマゾン熱帯雨林では、アリだけで陸上脊椎動物――哺乳類、鳥類、爬虫類、両生類――すべてを合わせた重量の四倍以上もあるのだ。中央および南アメリカの森林や草原だけでみると、ハキリアリというアリの分類群は植物の消費者の筆頭となっている。ハキリアリは葉や花の小片を集め、これで菌類を育てて餌とする。アフリカのサバンナや草原では、アリ塚を作るシロアリもやはり菌類を育てており、塚を作る主要な動物だ。昆虫、クモ、ダニ、ムカデ、ヤスデ、サソリ、カマアシムシ、ダンゴムシ、線虫、環形動物その他のごく小さな生物は、科学者でも見過ごしてしまいやすいが、彼らこそが「世界を動かす小さき者たち」〔『*Conservation Biology*』一九八七年十二月号に掲載された著者の論文名〕なのだ。もしも人類が絶滅したら、他の生物は栄えるだろう。だが、もし陸上の小さな無脊椎動物が絶滅したら、他の生物は人類のほとんども含めてほぼすべてが死に絶えるだろう。

少年の頃は、ジャングルを探検してチョウを捕ったり、石をひっくり返してさまざまな種類のアリを見つけたりするのが夢だった。偶然にも、私は先の手紙できみに与えたアドバイスを自分で守ってきたことになる。つまり、人がほとんど手をつけていない場所に行け、ということだ。運命がちょっといたずらをしたら、私は多くの若い生物学者と一緒になってネズミや鳥類その他の大型動物を研究していたかもしれない。彼らの多くと同じように、私も研究と教職で成果を上げ、幸せにキャリアを積み重ねてきたかもしれない。それが悪いというわけではけっしてないが、あまり型にはまらない道を歩み、またビルのような刺激的な指導者を得て、私ははるかに楽に進むことができた。生物界の基礎をなす腐りかけの切り株や他の微小生態系について科学研究を行う特別の機会を、早い時期に見出すことができたのだ。当時こういうものは非常に見過ごされやすかったが、それは今日に至っても変わっていない。

十二通目

野外生物学の聖杯

The Grails of Field Biology

ウロコアリの歴史をたどっていくうちに、ビルと私は最も原始的な現生種と思われるものに注目するようになった。今日、世界中に生存するさまざまなウロコアリを生み出すことになった祖先種に似ている種だ。私たちが目をつけたのはダケトン・アルミゲルム（*Daceton armigerum*）。アリにしては大型で、北温帯のどこにでも見られる体長一センチあまりのオオアリと同じくらいだ。体にはとげが何本も生え、大顎は長く平たく、先端に鋭いとげがある。南米の熱帯雨林の林冠でよく見られる。知られているのはこれだけで、営巣場所も、コロニーの社会構造も、いつどうやって狩りを行うのかも、餌はどのようなものかも、昆虫学者は把握していなかった。このアリは、少なくともしばらくの間、私の個人的な「聖杯」となった。

私はアリを求めて何度も世界を旅してきたが、そのごく初期にスリナム（当時はオランダ領ギアナ）に行った。到着するとすぐに首都パラマリボ周辺の熱帯雨林に入り、大型のウロコアリを探した。毎日汗だくになって一週間探したが見つからず、この地に住んでいる昆虫学者たちに協力を求めた。彼らは自分の助手をよこしてくれ、さらにはこのアリを見たことがあり、どこを探せばよいか知っている森に詳しい現地人まで何人かつけてくれた。間もなくコロニーがひとつ見つかった。それは私が見逃していた所にあった。木々が密生し、季節的に冠水する湿地に生えている一本の小さな木のなかだった。私たちはその木を伐採し、いくつかに切り分けてパラマリボの研究室に運んだ。研究室で慎重に、愛情をこめて幹を切り開いたところ、内部の空洞に完全なコロニーが見つかった――女王アリも、働きアリも、幼虫も、すべて揃っていたのだ。私はこれを観察し（のちにトリニダードで二つめのコロニーを発見した）、欠落している知識を埋めていった。コロニーは数百匹の働きアリから構成されている。餌を探す係は単独で出かけ、樹冠で餌を探す。狩りも単独で行い、さまざまな昆虫を捕える。餌となるのは小型のウロコアリが探すトビムシなどよりも大きい。判明したことは他にもいろいろあった。

生物学者は多様な生物を概観し、非常に重要な発見をもたらしてくれそうな、特に有望な種を見極めることがよくある。原始的な大型のウロコアリもそういう種だ。有望種を他にも探し出そうと、私はセイロン（現在のスリランカ）にも出かけた。ここで発見されたハリルリアリが、ウロコアリと同じく独特なグループなのはわかっていた。ただし、ウロコアリとは異なり、ハリルリアリは現在では世界の昆虫の優占種ではなくなっている。進化の歴史において最も羽振りがよかったのは、恐竜が栄えていた中生代の末期から哺乳類の時代となる新生代の初期にかけて、つまり一億年前から五千万年前までの時代だった。ハリルリアリは種類が多く、新生代には比較的一般的に見られたことが化石から判明しているが、その社会組織や食性については何もわかっていない。スリランカ中部キャンディの近郊ペラデニアに六百年の歴史を誇る王立植物園があり、一八〇〇年代後半に現生種のハリルリアリ（*Aneuretus simoni*）の標本二つがここに収められた。私はハーバード大の若き研究者だった頃、この標本のことは知っていた。だが、この暗黄色の小さなアリの標本はこれが最後で他には見つかっていなかった。

最後のハリルリアリ現生種は絶滅してしまったのか？　ドードーやタスマニア・オオカミのように、何千万年も生きながらえていながらほんのわずかな間に死に絶えてしまったのか？　どうしても見つけ出してみせる、と私は決意した。聖杯がまたひとつ増えたのだ！一九五五年、二十五歳の私はコロンボでイタリアの客船を降り、ウダワッタケレに直行した。ここにはキャンディの王の庭園がある。木がうっそうと茂り、自然環境に近いこの庭園は、アリ探しに理想的と思われた。だが、明るい時間帯に一週間探してみたが見つからない。働きアリ一匹すらも見つからない。そこで、この場所よりも人の手が加えられているペラデニア植物園で探すことにした。最後の標本が収められている場所だ。慎重に探してみたのだが、それでもハリルリアリは見つからない。アリの進化の過程で大きな道を作ってきた、私の探しているハリルリアリのグループは、本当に絶滅してしまったのかもしれない。

だが、私はどうしてもこの考えを受け入れられず、ここより南のラトゥナプラに移動することにした。市街地から熱帯雨林のなかまで、徹底的に調べる覚悟だった。当時、熱帯雨林はアダムスピーク山までほぼ途切れずに伸びていた。

ラトゥナプラに着くとすぐ宿泊所にチェックインし、シャワーを浴び、それから近くの貯水池へぶらぶら歩いて行った。水辺は人や放牧牛のせいで荒れていたが、木がまばらに生えている林があった。私はなにげなく地面に落ちている枝を拾った。内部は空洞だったが、特に期待もせずに二つに折ってみたところ、なんとハリルリアリが怒ってぞろぞろと出てきたのだ。私はあっけにとられ、その場に立ちつくしたまま、すばらしい天の恵みを見つめていた。アリに噛まれ、手がちくちくしたが、まったく気にもならなかった。オーデュボン協会〔アメリカの環境保護団体〕の学者は、独創的な研究を記した新しい原稿用紙を発見したとき、紙で手が切れたら気にするだろうか？

翌日、私はいそいそとバスに乗り、内陸の熱帯雨林に近い所まで出かけた。こんなに喜べるのは昆虫学者だけだろう。コロンボの自然史博物館から派遣されたアシスタントも同行した。彼の主な役目は、アリを含めたあらゆる動物の殺生を禁じる地元のジャイナ教徒に事情を説明することだった。森の小道を進んでいくと、ほどなくハリルリアリのコロニーがいくつか見つかった。ときおり土砂降りの雨が降ってくる。その合間に野外で観察を行った。また、人工の巣に数コロニーを入れ、コミュニケーション方法、幼虫や母親である女王アリの世話など社会的行動について観察した。ハーバードに戻ってからは、同僚数名と共にハリルリアリの体の内部構造の解明に取り組んだ。

それから三十年近く経ったある年、私はハーバード大教授として、スリランカ出身の学生アヌラ・ジャヤスリヤを指導していた。彼女は卒業論文のためにハリルリアリについてさらに調査を行い、この種の生息範囲が縮小していることを発見した。当然だろう、私が行ったときからスリランカの平地林は容赦なく切り開かれているのだから。彼女の報告を受け、私はハリルリアリを国際自然保護連合がまとめている絶滅危惧種リストに載せた。ハリルリアリはこのリストに入るほど世に知られる希少な昆虫種となったのだ。

私がハリルリアリを見つけた頃、体は小さくても世界中で優占種となっているアリという昆虫の進化の道筋が見えてきた。化石や現生種の研究に手を染める研究者が増え、今まで知られていなかったグループや、グループ同士を結びつける祖先系統が発見され、現在生き延びているグループへと至る進化の過程の空白が埋まってきたのだ。

　だが、すべてのアリの祖先という最大の空白は残ったままだった。単独で生きているアリは存在しない。私たちが知る限りでは、現生種のアリはすべてコロニーを形成し、女王アリと、あらゆる仕事をこなす生殖能力のない（またはほとんどない）娘たちとで構成されている。雄はまだ交尾していない女王アリと交尾するためだけの目的で育てられる。交尾相手を探しに巣を離れた雄が巣に戻ることは許されず、じきに死んでしまう。「怠け者よ、蟻のところに行って見よ。その道を見て、知恵を得よ」〔旧約聖書　箴言六・六〕と教訓を説いたソロモン王が、アリの生態をすべて知っていたわけではないのは明らかだ。とはいえ、この風変りだが非常によくできた社会システムはいかにして誕生したのだろう？　私が若き科学者だった頃、研究すべき化石は数多くあり、なかには五千万年以上も昔のものもあったが、どの種もカーストの存在を示している。アリの社会組織の起源については何も知られていなかった。

　我々アリを専門とする生物学者にとってのこの聖杯は、いまだ発見されていない「失われた環」のままだった。我々が探し求めていたのは、五千万年以上前に生息していたアリの祖先型で、その社会行動は単純で起源の手がかりがつかめるものだった。当時我々が知っていたアリのなかで最も有望な候補者はオーストラリアのアカツキアリ（*Nothomyrmecia macrops*）だった。残念ながら、この種もスリランカのハリルリアリ現生種と同じように、二体の標本しか知られていなかった。いずれも一九三一年に世界屈指の辺鄙な場所で採集されている。西オーストラリア州に広がる砂地の荒野で、かなり行きにくい場所だ。西の小さな海沿いの町エスペランスから東の砂漠に近いナラボー平原の端まで、面積にして一万六千平方キロ。一九五〇年代、この広大な地域には人がまったく住んでいなかった。私が訪れる二十年前に、冒険家の一行がここを馬で旅した。南の大陸横断道から、トーマス・リバー・ファームと呼ばれる海沿いの打ち捨てられた農場までだ。農場はエスペランスから西に百六十キロほどの距離にあった。一行が横断した土地は、生物学的には世界有数の豊かさを誇っている。一見すると低木しか生えていない不毛の地なのだが、ここには世界中で他には見られない植物種がたくさんあり、昆虫のほとんどは科学界に知られていなかった。

一九三一年の一行には若い女性が加わっていた。彼女はジョン・S・クラークのためにアリを集めることになっていた。クラークはメルボルンのヴィクトリア博物館の昆虫学者で、当時オーストラリアで唯一のアリの専門家だった。女性はアルコールの瓶を携帯し、アリを見つける端からそこに入れていった。クラークはその瓶を調べて非常に驚いた。未知の種に属するものが二匹含まれていたのだ。体はハチに似た原始的な形で、その生体構造はすでに知られている現生種のなかでは最もアリの祖先に近いと思われた。不運なことに、そのアリをどこで見つけたのか、女性は記録をつけていなかった。オーストラリアのアカツキアリの採集場所は百六十キロの距離のどこかとしかわからない。

一九五五年、オーストラリアのアリを研究するために私はこの国を訪れた。そのときにはもう、謎めいたこの種を再び見つけることで頭のなかはいっぱいになっていた。アカツキアリはナチュラリストの間ではすでに伝説となっていたのだ。女王アリと働きアリから成るきちんとまとまったコロニーを形成し、完全に社会的な生活を送っているのか、それとも、他のすべての既知種のような発達した組織の途中段階にすぎないのかを私は知りたかった。当時の生物学者はアリの社会生活がなぜ、どのように生じたのか、まったくわかっていなかった。

当時私は二十五歳、まだ若くエネルギーにあふれ、楽観的だった。アカツキアリに非常に興味をもっている仲間を二人招き、一緒に探すことにした。一人はヴィンセント・セルヴェンティ、オーストラリアの有名なナチュラリストで、西オーストラリアの自然環境分野の権威だ。もう一人はカリル・ハスキンス、長年アリを研究しており、当時はワシントン・カーネギー協会長に任命されたばかりだった。我々はエスペランスで落ちあい、食糧をたっぷり調達し、軍の古い平床式トラックで舗装されていない道を東に、トーマス・リバー・ファームに向かって進んだ。起伏のない平原は花をつけた低木や草本植物に覆われ、目を奪われるほど美しく、しかもありがたいことに人っ子ひとりいない。旅の間に見かけた車は一台だけだった。この農場を起点に、我々はあらゆる方向に向かって一週間のほとんどを昼も夜もアリ探しに精を出した。夜は我々のキャンプ周辺でディンゴ〔野生犬〕がうろつき、ニクアリと呼ばれるハヤルリアリ属のアリは我々の足音を聞きつけると怒って巨大な巣から大挙して飛び出し、敵意をむき出しにして噛みつく。怖かったかって？　とんでもない。楽しくてたまらなかったよ。

我々は一日がかりで北のラギッド山にも出かけた。アカツキアリは砂岩でできたこの山の荒涼とした斜面で採集されたのかもしれない。ここの唯一の水源は木陰になった岩棚のてっぺんにある湿った所で、ここから水が滴り落ち、一時間でカップ一杯分になる。一九三一年の一行も我々もこれを利用した。だが、ここでもアカツキアリは見つけられなかった。

オーストラリア遠征で新種のアリが数多く発見されたが、アカツキアリは結局一匹も見つからなかった。私は期待が大きかっただけに、科学者として人生最大とも言えるほどの失望を味わった。

だが、発見できなかったにもかかわらず、我々の遠征はオーストラリアのマスコミに大々的に報道された。これがきっかけとなり、昆虫学者たちはアカツキアリを求めて砂地の荒野に向かうこととなった。地元の専門家たちの間には、もしこの特別な昆虫がまた発見され研究されるとなれば、発見するのはアメリカ人ではなくオーストラリア人であるべきだという感情があった。この大陸にとってアメリカ人はもうたくさんだ、ということだ。

私のかつての教え子ロバート・W・テイラーも荒野に向かったひとりだ。彼はハーバード大で博士課程を修了し、当時はオーストラリアの首都キャンベラにあるオーストラリア国立昆虫コレクションで昆虫学の学芸員をしていた。ボブ〔ロバートの愛称〕はアカツキアリを発見しようと必死だった。自分のためにも、オーストラリア昆虫学の名誉のためにも、この聖杯をつかみ取りたいと思っていた。アカツキアリが生息する西部へと向かう途中、ボブの一行はユーカリの灌木が生い茂る地で野営した。夜は寒く、昆虫を探しても無駄のように思われたが、それでも活動しているものがいるかもしれないとボブは懐中電灯を手に出かけていった。そして数分後、走って戻ってきた。「捕まえた！　あんちくしょうを捕まえたぞ！」と叫びながら。この言葉から察しがつくだろう。今や昆虫学者の間で有名となったアカツキアリが本当に見つかったのだ。発見者はオーストラリア人ではなかったが、ニュージーランド人なのがせめてもの救いかもしれない。

アカツキアリは冬に活動する種だと判明した。働きアリは巣のなかで待機し、寒い夜になると狩りに出かける。獲物のほとんどは昆虫で、その多くは寒さで動きが鈍くなっているため容易に捕えられる。この種はかつて存在していたゴンドワナ大陸の動物相の一環をなしている。この動物相に属する昆虫その他の生物の大部分が出現したのは中生代だ。ゴンドワナ超大陸は分裂し、やがてその一部が北上してニュージーランド、ニューカレドニア、オーストラリアになるのだが、中生代はその初期にあたる。当時の要素を今も残しているもの（遺存要素）は、南温帯や場合によっては冬の寒冷レジームに適応した種で、アカツキアリも含まれる。真夏にエスペランスから探しに出かけた私はこの可能性も考えに入れておくべきだったのだが、そうしなかった。

アカツキアリの個体群が発見されたことにより研究が続々となされ、この種の生態と自然史に関するほぼあらゆる側面が調べられた。アカツキアリの社会的行動はほとんどの面で初歩的なものと判明したが、我々が想定していたほど社会性に乏しい生物ではなかった。他の既知種と同じように、アカツキアリも女王アリと働きアリから成るコロニーを形成する。巣を作り、餌を探し回り、妹たちを育てる。どの働きアリも母親である女王アリの下位にある娘として協力している。

すべてのアリの起源を発見する重要性は、体の小ささを考慮しても、恐竜や鳥類の起源、そして我々人類の哺乳類における遠い祖先を発見する重要性と変わらない。現生種のなかに満足のいく環がないのなら、研究者はふさわしい地質時代のふさわしい化石を見つけてさらに研究を推し進める必要がある、と私は悟った。だが、一九六六年までは、最古のアリの化石として知られていたのは五千万年から六千万年前と、比較的新しい時代のものだった。この時代は始新世の初期から中期に当たり、アリはすでに数多く、多様な種が存在していた。しかも世界中に分布していた。オーストラリアのアカツキアリ現生種に似た絶滅種がヨーロッパのバルト海沿岸地方の琥珀に入っていることもわかっていた。

なんとももどかしい話だ。アリが中生代に出現していたのは明らかなのだ。中生代は六千五百万年前に終わっている。だが、この時代の化石標本は長い間ひとつも見つかっていなかった。まるで、世界の優占種であるこの昆虫の祖先やごく初期の種の前に黒いカーテンがかかっているような感じだった。それが一九六六年に、九千万年前の琥珀のなかにアリらしい化石標本が二つ見つかったという連絡がハーバード大に入った。その化石は遠い異国の化石層ではなく、なんとニュージャージー州の海岸に打ち寄せられたもので、調査のために私宛に送ったという。ついにカーテンが上がるかもしれない！　興奮しすぎていた私は、小包から琥珀を取り出そうとしたとき誤って床に落としてしまった。琥珀はあっさり二つに割れ、私は愕然とした。なんということをしでかしたのだ！　だが、それぞれの琥珀にはアリが一匹入っており、どちらの化石標本も傷ついていない。私はほっと胸をなでおろした。琥珀の表面がガラスのようになめらかになるまで磨いてみると、その標本はまるで数日前に樹脂に入れたかのように完璧な外形のまま保存されていることがわかった。

私は協力者と共に、この中生代のアリを *Sphecomyrma freyi*（アケボノアリ）と命名した。属名の*Sphecomyrma*はハチのようなアリという意味で、*freyi*はこの標本を発見した老夫婦をたたえてその名をつけた。属名はまさにうってつけだった。というのは、この種の頭部はほぼハチで、体の一部はほぼアリ、別の一部はハチとアリの中間だったからだ。つまり、失われた環が、もうひとつの聖杯が見つかったのだ。

この発見により、昆虫学者たちによって中生代末期の琥珀や堆積岩に含まれるアリやアリに似たハチの研究が次々に行われ、二十年のうちにニュージャージー、アルバータ、ビルマ、シベリアの堆積物からさらに多くの化石標本が発見された。アケボノアリの他に、別の進化的発生レベルにおける新種も見つかった。こうして、アリが多様化していく初期のストーリーが明らかになり始めた。それは少なくとも一億一千万年前までさかのぼると判明している。おそらくはもっと前、一億五千万年前ぐらいかもしれない。

だが、悲しいことに手がかりは化石しかない。社会行動を野外でも研究室でも観察できるような、進化の環となる現生種が見つかっていない。アリの社会行動の初期段階に関する直接的な知識は、もしかしたらさまざまな知識のかけらを間接的につなぎ合わせてしか得られないのかもしれない。オーストラリアのアカツキアリや、他の比較的原始的な数少ない現生種の研究から得られる知識が精一杯なのかもしれない。

ところが二〇〇九年、控えめに言ってもアリの全体像を塗り替える可能性のある驚くべき発見があったのだ。ドイツの若き昆虫学者クリスチャン・ラベリングは、中央アマゾンのマナウス近くの熱帯雨林で土や落ち葉をひっくり返していた。彼とは野外で一緒に調査したことがあるが、文字通りひとつ残さず石をひっくり返すことで有名だった。また、道具を使わずにするすると木に登り、樹冠に巣を作っているアカツキアリのコロニーを取って来る。ある日、ラベリングが新種のアリを見つけられる限り集めていたとき、白っぽく妙な形のアリが落ち葉の下を歩いているのを見つけた。つまみ上げたところ、今まで知られているどの属にも種にも当てはまらないことがわかった。

彼はハーバード大を訪れたとき、「アント・ルーム」にそのアリも含めた収穫物をもってきた。アント・ルームはハーバードの比較動物学博物館の四階にあり、分類されたアリのコレクションが所狭しと詰めこまれている。コレクションの規模は世界最大で、ほぼ完璧に近い。一世紀以上にもわたり昆虫学者たちがこつこつと増やしてきたアリの標本は六千種、その数はおそらく百万体を超えているだろう（正確に数えてみようという者はひとりもいない）。世界中のアリの専門家がアント・ルームを訪れ、自分が採集した標本の同定を行うほか、分類や進化に関する研究も行っている。ラベリングがアマゾンの変わったアリをもってきたときも、専門家が数人来ていた。

そのアリを見た面々はおおいに驚き、廊下をはさんで向かいにある研究室にいた私に声をかけた。あの時のことは今でもはっきり覚えている。顕微鏡で標本を見て、私はこう言った。「なんと、このアリは火星（Mars）からやって来たにちがいない！」つまり、私にも皆目見当がつかないという意味だった。のちにラベリングはその種について正式な論文を専門誌に書いたのだが、アリの学名をマルティアリス・エウレカ（*Martialis heureka*）とした。「ついに発見された小さな火星人」というような意味だ。それはたしかにアリで、アリの系統樹においてオーストラリアのアカツキアリよりも以前に枝分かれしていることが証明された。それから三年経った今、本書を書いている時点では、他にマルティアリスは発見されていない。だが、アマゾンは非常に広い。この種が本当に社会的であれば、いずれコロニーが発見されるだろう。発見するのはブラジルで増えつつある若いアリの専門家のひとり、またはグループではないだろうか。

こんなアリの話は科学のごく限られた一部分にすぎず、おもしろいと感じるのはアリを専門とする研究者ぐらいだろう、ときみは思うかもしれない。たしかにその通りなのだが、レベルに差はあっても情熱を傾けるという点では、たとえばフライフィッシング、南北戦争の戦場跡めぐり、古代ローマのコイン収集となんら変わりはない。「小さな聖杯」を発見すれば、現実世界の知識に加えられ、永久に残る。それが別の知識体系と結びつくことで、知識のネットワークが出来上がり、科学全体のすばらしい進歩につながることもよくあるのだ。

十三通目

大胆さのすすめ

A Celebration of Audacity

アマゾンの熱帯雨林で原型的なアリのマルティアリスが発見される六年前、昆虫学者たちは現生種のアリすべての系統樹の作成に力を注ぎ始めていた。系統樹の枝分け作業だ。今から語る話はこの本を読んでいるきみに特に関係があるので、新たにひとつの手紙として書くことにした。一九九七年、私はついにハーバード大教授を引退し、新たな博士課程の学生を受け入れないことにした。だが、二〇〇三年のある日、生物進化学部の大学院入学審査委員長が電話をしてきた。「エド、今年の新入生はもう定員に達したんだが、もうひとり若い女性がいる。とても変わっていて見込みがあるので、きみがもし事実上の保証人兼指導教官になってくれるなら彼女も加えようと思っている。とにかくアリが好きで、何よりもアリを研究したいと言っている。その証拠としてアリの入れ墨まで彫っているんだ」

そこまで夢中になれるのはすばらしいと私は思った。のちにその彼女の履歴を見て、彼女にとってハーバード大は理想的だとわかった。また、ハーバード大にとっても彼女は理想的に思われた。そこで私はニューオーリンズ出身の彼女、コリー・ソー（のちにコリー・ソー・モローとなる）にすぐ入学許可を出すよう推薦した。彼女と会ったとき、許可したのは正解だったと確信した。一年目に彼女は基本的な単位を難なく取得し、すでに一学年の終わりには博士論文のためにやりたいことをはっきりと決めていた。アリの分類において一流の専門家三人（それぞれ異なる研究機関に所属）が数百万ドルの連邦補助金を得て、世界のアリの主なグループすべての系統樹をDNA配列に基づいて作成することになったばかりだった。これは大変だが重要な仕事で、成功すれば現在知られている世界の一万六千種のアリすべての分類、生体および他の生物学的調査に関する研究を補強するものとなる。さらに、アリに関する理解が深まれば地球の陸上生態系についての理解も格段に増す、と多くの専門家が気づいていた。

その三人の研究リーダーに手紙を書き、アリの分類学的区分のうち小さなひとつ（全部で二十一区分ある）について、DNA情報の解読をさせてもらえるよう頼んでみたい、とコリーは言った。いいだろう、と私は言った。うまくやれたら単位を与える価値があるし、他の専門家と会って一緒に仕事をするのはいいものだ、とも言った。

だが、その後まもなく彼女は戻ってきて、プロジェクトリーダーから断られたと報告した。実力のほどもわからない大学院生を新たに加えるのは気が進まなかったのだろう。私自身、ノーと言われても人格を否定されたわけではないと図太く構えることを学生時代に学んでいたため、彼女にこう言った。「そんなことで失望してはだめだよ。プロジェクトリーダーの判断が間違っているわけではないのだから。他にやりたいことを何か選んでみてはどうだ?」

数日後、彼女は私の研究室に戻ってきた。「ウィルソン先生、あれからずっと考えていたんですけど、自分でプロジェクト全部をできると思います」「プロジェクト全部を?」彼女は控えめながら率直に答えた。「はい。アリの亜科二十一個全部です。やれると思います」

コリーはさらに、ハーバード大に世界的なコレクションがあることはおおいに有利だとも言った。必要なのはDNA配列の解読を専門とする博士課程修了者の助手だけで、喜んで協力してくれる人を知っています、彼の給料を出してもらえないでしょうか? 私はひと呼吸おいてから言った。「よし、いいだろう」。論理的に考えたというよりも、本能的に、衝動的に言ったとしか思えなかった。

コリーは虚勢を張ることがなく、傲慢なほどのプライドもうぬぼれもまったくない。もの静かで穏やかで、それでいて熱心な研究者だ。のちにわかったのだが、彼女は仲間の学生や周囲の人々に気さくに接し、友人として力を貸してもいた。ニューオーリンズからサンフランシスコ州立大に行っていて、同じ南部の人間として、私は彼女を自慢に思っていた。成功してもらいたかった。協力者にはならなかったが、資金を調達して彼女の研究室を用意してやった。このくらいしてもいいだろう？　想像力、希望、そして大胆さを称えるためだ。また、彼女が全区分を解読しきれなかった場合の代案として、完成した部分だけを使って論文を書けばよいことにした。さらに、私は少しだけだがこっそり手助けもした。別のプロジェクトでフロリダキーズに行ったとき、タルフシアリを生きたまま集め、野外で入手しにくいグループの空白を埋めてやったのだ。研究途中で彼女が統計的推理に使う複雑な方法のことで専門家に相談したいと言ったときは、そのための資金も提供した。

この時点で、私はコリーを最後まで支援しようと決意した。彼女なら自分が思い描いていることを本当に成し遂げられると感じたからだ。

彼女の博士論文は二〇〇七年に完成し、審査委員会によって精査され合格となった。二〇〇六年四月七日には、彼女の研究の主要部が『サイエンス』の巻頭記事として発表されていた。これは上級研究員でも格別の栄誉とみなされる偉業だった。それでも、コリーの論文がハーバードの審査委員会に提出されたとき、私は少々緊張していた。

その後、多額の補助金を得た三人のチームも研究を仕上げ、同じ年の後半に発表する予定だとわかった。二つの研究が同じ時期に、別々に行われたと歴史に記録されることになったのだ。この点については心から賛辞を贈りたい。この三人のいずれもが高く評価される科学者だけになおさらだ。ただ、これはコリーの研究が徹底的に検証されることも意味する。両者の系統発生論に食い違いがあったらどうなる？　そういうシナリオは考えたくなかった。

だが、両論はほぼ完ぺきに一致しており、私は心の底からほっとした。違いが見られたのは二十一の亜科のうちのひとつ、ムカシアリ亜科というほとんど知られておらず目立たないグループの配置についてだったが、その解釈の違いについては後日さらにデータが集められ、統計分析が行われて解決した。

コリー・ソー・モローが大望を抱いて成し遂げたこのストーリーは、きみに伝える必要が特にあると感じている。科学界における勇気は自信から生まれる（傲慢とは違う！）。進んでリスクを負い、へこたれず、権威を恐れず、行く手を阻まれたら新たな方向に向かってやるという心構えをもつことは非常に価値がある——たとえそれで失敗してもだ。私の好きな格言のひとつ、フロイド・パターソンの言葉を紹介しよう。ライトヘビー級のボクサーで、自分より重量のある相手を倒し、しばらくヘビー級チャンピオンの座を保持していた人だ。「人とはちがうことを達成しようと思ったら不可能に挑戦しないとね」

十四通目

自分のテーマを完全に知る

Know Your Subject, Thoroughly

科学の世界で発見をするためには、それが小さいものであれ、重要なものであれ、取り組むテーマについては専門家でなければならない。創意に富む専門家であるためには、深く関わることが求められる。テーマに深く関わるとは大変な努力を続けていくということだ。

重要な発見の表面化していない部分に目を向け、その発見をした科学者について少し探ってみると、この一般論が的を射ているとすぐにわかる。例として、理論物理学者のスティーヴン・ワインバーグの言葉を紹介しよう。ワインバーグはシェルドン・リー・グラショー、アブドゥス・サラムと共に一九七九年にノーベル物理学賞を受賞した。受賞理由は「素粒子間の弱い相互作用および電磁相互作用を統一した理論に貢献し、特に、この理論によって弱い中性カレントが予言されたこと」だ。

「私はフレデリック・ワインバーグとエヴァのもとにニューヨーク市で生まれた。子どもの頃から科学に興味を抱いた私を父は励ましてくれた。十五か十六歳のときにはすでに関心が理論物理学に向いていた。

一九五七年に博士号を取得してからはコロンビア大で、一九五九年から一九六六年まではカリフォルニア大バークレー校で働いた。この時期、私の研究テーマは多岐にわたっていた。ファインマングラフの高エネルギー挙動、第二種の弱い相互作用カレント、ブロークン・シンメトリー、散乱理論、ミューオン物理学などで、こうしたテーマを選んだのは物理学のある分野を独学しようと思ったからだ。一九六一年から六二年にかけては天体物理学に強い関心をもち、宇宙におけるニュートリノの母集団に関して何本か論文を書き、『*Gravitation and Cosmology*（重力と宇宙論）』という本を書き始めた。これは一九七一年にやっと完成した。一九六五年末にはカレント代数に取り組み始め、自発的対称性の破れという概念の強い相互作用にそれを応用してみた」

ある朝、目を覚ましたワインバーグはふと思いつき、紙と鉛筆を取って画期的な洞察をメモしてみた、というわけではないのだ。

今度はまったく違うテーマ、X線結晶学での例を紹介しよう。マックス・ペルツとローレンス・ブラッグについては、ジェームズ・D・ワトソンが『二重らせん』で彼らの科学者としての姿勢を描き出している。これは科学者が書いた回想録の最高傑作と言えるだろう。科学上の発見のスリルをじかに近い形で味わってみたいという若い人はぜひ読んでみるとい い。ワトソンはこの本のなかで、コード化されたきわめて重要な分子の構造を解くために欠かせない手段となったものについて述べている。

「フランシス（・クリック）が所属している研究室のリーダーはマックス・ペルツ、オーストリア生まれの化学者で一九三六年にイギリスにやってきた。彼はヘモグロビン結晶のX線回析データを十年以上も集め、ここから何かをつかみかけていたところだった。彼を助けていたのはケンブリッジ大キャベンディッシュ研究所所長のローレンス・ブラッグ卿だった。ノーベル賞受賞者で、結晶学の創始者のひとりでもあるブラッグは、X線回析法がより複雑な構造を解いていくさまを四十年近くも見守ってきた。分子構造が複雑になればなるほど、新たな方法によってそれが解明されるとブラッグの喜びも増していく。こうして戦後間もない時期、ブラッグはあらゆる分子のなかで最も複雑なタンパク質の構造も解けるのではないかと夢中になっていた。所長としての仕事の合間に彼はたびたびペルツの研究室を訪れ、最近集められたX線データについて話し合い、帰宅してからそれをどう解釈するか考えていた」

一九八五年から二〇〇三年までの二十年近くをかけて、私は今まで誰もが難しすぎて不可能だと考えていた夢を実現した。ハーバード大で教えていた頃は授業の合間に、そして他の研究プロジェクトや書き物の合間に、巨大なアリであるオオズアリ属（*Pheidole*）の分類と自然史研究に取り組んだのだ。この属はただのグループではない。種の多さにかけてはアリの他の属をはるかにしのぐばかりか、あらゆる動植物のなかでも最多の部類に入る。砂漠から草原、熱帯雨林の奥深くまで、世界中の多くの地域に生息し、数のうえでもすべてのアリのなかで最大となることが多い。オオズアリならではの特徴として、小型で細身の働きアリと、それよりはるかに大きく頭も大きな兵隊アリの二つにカーストが分かれている点が挙げられる。コロニー内にこうしたバリエーションが存在するため、この注目すべき昆虫の生物学的複雑性はさらに難解なものとなっている。

オオズアリ属の種は非常に多いため、私が分類の改訂を始めたときはめちゃめちゃな状態だった。今までの分類者が種と認めたものは説明が短く、その種と判断しかねるものが多かった。しかも前世紀に集められた標本はアメリカ、ヨーロッパ、ラテンアメリカの半ダースほどの博物館に分散している。私がこの作業に着手したとき、オオズアリ属はもはや無視できない存在になっていた。数多いその種は、全体として見ると環境のなかで大きな役割を果たしているのだが、共生関係やエネルギーの流れ、土壌の撹拌などの基本的な現象の解明に取り組む生態学者たちは、観察している種の名前がわからずにいた。北米では、採集場所を示すほかには「オオズアリ属第一種、オオズアリ属第二種、オオズアリ属第三種」として標本を報告せざるを得ない状況だったのだ。しかも種の数は二十を超えている。ある一地方だけ、ある一研究者だけの話なら、これでもおおざっぱながら通用するかもしれないが、他の地方の他の研究者たちは独自のリストを作っている。彼らのオオズアリ属第一種、第二種、第三種……は他のリストと異なる可能性が非常に高く、両者の標本を持ち寄るという辛気臭い作業を研究者が行わない限り、リストの照合は行えない。すべての論文執筆者が最初から同じ包括的なリストを使っていれば楽になる。たとえば *Pheidole angulifera*、*Pheidole dossena*、*Pheidole scalaris* というように、どの種もあらかじめ慎重に正式な方法で定義し、文献にあまねく使えるようにしておけばいい。分類学がきちんとなっていれば、属について調べたい生物学者は種を単一の、文句のつけようのない名前で同定できる。発見したものを他の研究者のそれとすぐに照合でき、また、興味のあるどの種についても今までに知られていることすべてを文献から引き出せる。

分類学は古臭い学問だとよく言われる。分子生物学をやっている私の友人のなかには、切手のコレクションにたとえていた者がいた（今でもそう言う人はいるだろう）。だが、切手のコレクションとは断じてちがう。分類学はイメージを良くするために系統分類学と呼ばれることも多いのだが、これは現代生物学の基本だ。基礎生物学では系統発生（系統樹の再構成）や、種の増加に関する遺伝学的、地理的研究の分析で使われている。技術的には洗練された分野の力を借り、ＤＮＡ配列解読、統計分析、先進情報技術を駆使して研究を行っている。だが、分類学はこのような分野を取り入れているため、その作業はさらに難しいものとなっている。というのも、動物や微生物のほとんどの種、そして実質的には少数の植物種がいまだ発見されていないという事実があるからだ。

アリの分類学者たちはオオズアリ属をアリの分類学のエベレストと呼んでいた。我々の目の前に傲然とそびえたち、高すぎて頂上まで達するのは不可能に思えたのだ。これより低いが挑戦する意義があり、実りあるキャリアを築ける山はたくさんあった。失敗するかもしれないと私は思い、アリのエベレストに登ろうと決めたとき、まずはかつての指導者であるウィリアム〔ビル〕・Ｌ・ブラウンに協力を求めた。だが、その後まもなくビルが身体を悪くしたため、残りの道はひとりで進んでいった。最初に手をつけたのはオオズアリ属の生物多様性の本部と言える西半球だった。私はどうしても山頂を極めたかった。研究室が比較動物学博物館にあったため、世界最大かつ最高のコレクションを容易に利用でき、この仕事に都合がよかったせいもある。だが、挑戦したい気持ちも強く、自分の務めだと考えていたせいもある。二〇〇三年、ついに『*Pheidole in the New World: A Dominant, Hyperdiverse Ant Genus*（新世界におけるオオズアリ：多様をきわめるアリの優占種属）』を刊行したのだが、この本は七百九十八ページにもなり、収録された六百二十四種のうち三百三十四種が新種だった。どの種にも生物学上知られていることすべてを盛り込み、イラストもつけた。五千枚を超えるイラストはすべて自分で描いた。この本が印刷されている間にも、協力者たちから新種が次々に比較動物学博物館に寄せられていた。おそらく今世紀末までにオオズアリは全部で千種、もしかすると千五百種にまで達すると思われる。

オオズアリ山の頂上に旗を立てたと言えないこともないが、私はエドモンド・ヒラリーでもテンジン・ノルゲイでもない。この巨大な属の分類に取り組んでいたとき、私はもうひとつ目標を抱いていた。種をひとつひとつ見ていくうちに、新たな現象を発見しようと思ったのだ。先の手紙で科学者の戦略について書いたが、その第五原理を実践したのだ。「あらゆる生物には問題を解くのに最適な要素が存在する」。この相関的な戦略から見出されたのが「敵を特定する」現象だった。この概念の底にある原則は単純なものだ。動物でも植物でも、どの種も自然生息地では他の動植物種に囲まれている。そのほとんどは影響を及ぼすことがないが、味方になる種もいくつかあり、極端な場合は共生レベルに達する。共生とは、たとえば花粉を運ぶ動物（受粉媒介者）と受粉する植物のように、生存するために、少なくとも生殖するために、二種かそれ以上の種が互いに依存している関係をいう。いっぽう、一部の動植物はある特定の種にとって大敵となり、極端な場合は相手の生存を脅かす存在となる。脅かされる側の種にとっては、危険な敵を本能的に察知し、相手を避けるか、可能であれば殺すことが非常に有利となる。

この原則はあたりまえのように思えるだろう。だが、種は本当に進化の過程でこのような敵を特定する反応を身につけてきたのだろうか？　私はなんらかの形でこの点を真剣に考えたことがなかった。たまたま発見したのだ。オオズアリ・プロジェクトに取り組んでいたとき、私は研究室でオオズアリの一種 *Pheidole dentata* のコロニーを飼育していた。アメリカ南部全体に数多く見られる種だ。私はまた、ファイヤーアントの一種であるヒアリ（*Solenopsis invicta*）のコロニーも飼育していた。ある日、手早く簡単にできる実験として、*Pheidole dentata* の人工巣の入り口近くに別の種類のアリや他の昆虫を置き、オオズアリがどう反応するか試してみた。頭が大きく力の強い兵隊アリが出てくるのはどういう場合かが特に知りたかった。

生ぬるい反応ばかりだった。侵入者と接触したアリは巣に引っ込むか、仲間数匹と共に戦うかどちらかだった。ところが、同じ容器にヒアリをたった一匹落としてみたところ、それこそハチの巣をつついたような反応が見られたのだ。侵入者と最初に接触した働きアリは道に匂いをつけながら巣に駆けこみ、出会う仲間に次々と必死に接触していく。働きアリも兵隊アリも巣から飛び出し、ジグザグに、また円を描きつつ、ヒアリを探し始めた。そして見つけると容赦なく襲いかかった。小型の働きアリは脚に噛みついて引っ張る。兵隊アリは鋭い大顎と大きな頭に詰まっている強力な内転筋を駆使し、ヒアリの脚を切り落として動けなくする。

オオズアリにとってヒアリが大敵なのは確かだ。やはり研究室でオオズアリとヒアリのコロニーを近くに設置してみたところ、ヒアリの斥候は何匹か生き残って自分の巣に戻り、仲間に報告して戦闘要員を集めた。個体数がはるかに多いヒアリのコロニーはあっという間にオオズアリを殺し、食べてしまった。だが、自然生息地では、両者ともにコロニーはたくさんある。オオズアリはヒアリのコロニーからある程度離れた場所に巣を作り、ヒアリの斥候が巣に帰って報告する前に殺してしまうという方法で生き延びていることがやがて判明した。

その後、コスタリカの熱帯雨林で、私はオオズアリのさらに注目すべき反応を目にした。それは別種（*Pheidole cephalica*）で、巣が洪水に見舞われるような雨や水位の上昇に対する反応だった。巣の入り口に水をほんの一、二滴たらしてみただけで、小型の働きアリはたちまち全員が反応を示し、数分後にはコロニー全体が別の場所へと移っていった。

このような発見は、小さなものであれ重要なものであれ――最初からどちらだと誰にわかるだろう――研究対象の生物について徹底した予備知識をもたずにできる場合はめったにない。この前提条件は時として「その生物に感情移入すること」とも言われている。

この大切な原則を強調するため、もうひとつ話をしよう。それは二〇一一年、調査旅行で南太平洋に行っていたときのことだった。私に同行したのは、アリの専門家でアマゾンの「火星人」アリを発見したクリスチャン・ラベリング、やはりアリの専門家で世界的に名の知れたバードウォッチャーでもあるロイド・デイヴィス、そして複雑な後方支援を行うキャスリーン・ホートンだった。時期は十一月から十二月上旬、南半球は春を迎えていた。我々が向かったのは二つの群島、独立した島国バヌアツと、そのそばの仏領ニューカレドニアだ。旅の途中、かつて私が一九五四年と一九五五年にアリを採集して研究した場所にも訪れた。あれから五十七年も経っているだけに、当然ながら環境は変わっているだろう。私はその変化を観察したいと思っていた。正確に比較しようと、古いコダクロームのスライドをスキャンした画像をもってきていた。特に評価したいと思っていたのは、一九五五年以降の荒れ地、保護地、国立公園の状態だった。

我々がどんな発見をするか、特に我々が採集し研究する予定でいるアリについてどんな発見ができるかは、我々が身につけている知識次第だった。実際、我々は周到に準備していた。おかげで数々の新種を発見し、その生息地についてノートを取ったが、それは計画のごく一部にすぎなかった。我々はもっと大きな獲物を狙っていたのだ。できることなら、種が形成されるという事実と、ひとつの群島から海を隔てた別の群島に種が広がっていくという事実を明らかにしたかった。南太平洋の地図を眺め、バヌアツに目を向けてみると、この群島に定住した動植物は三つの陸地のどこから来てもおかしくないとわかる。西はオーストラリアとニューカレドニア、北はソロモン諸島、東はフィジー。このうちの二カ所以上からという場合も考えられる。アリは完全に陸上生物だが、倒木の幹や枝につかまって海を漂ったか、嵐で吹き飛ばされたかして移住したのかもしれない。コロニーを作ることのできる女王アリが遠くまで飛べる鳥の羽にもぐって海を渡ったのかもしれない。アリが広い海を渡った方法を断定できるとまで我々は期待していなかったが、バヌアツに生息するほとんどのコロニーがどの群島からやって来たのかを判断できる程度のデータは集められた。ちなみに、それはソロモン諸島だった。

この発見だけでも、野外での骨の折れる調査が報われるほど重要なものだったのだが、我々はもうひとつ調査したいことを思いついた。調べればおそらくわかるだろう。ソロモン諸島のアリ相についてはまだあまり調査されていないため、この諸島はさておいて、バヌアツとその両側に位置するフィジーとニューカレドニアとでは大きな違いが見られることに我々は注目した。フィジーもニューカレドニアも何千万年も昔から陸地としてしっかり存在してきたのに対し、バヌアツは同じ頃から存在していたものの小さな島々にすぎず、陸地面積が現在の十分の一を超えたのはこの百万年間のことだった。フィジーとニューカレドニアの歴史の古さは、その植物相と動物相に如実に現れている。どちらの群島も種の数が多く、一部は高度に進化して他地域では見られないものとなっている。

では、比較的新しいバヌアツはどうか? 二〇一一年十一月、我々は世界で初めてこの群島に生息するアリを詳しく調べた。フィジーやニューカレドニアのように地質学上の歴史が長く、相当な陸地面積があれば、高度に進化したさまざまなアリが見られることはわかっていた。いっぽう、バヌアツの現在の陸地が地質学者の言うように比較的歴史の浅いものであれば、フィジーやニューカレドニアよりもアリの種ははるかに少なく独特な配置になっているはずだ。調査したところ、バヌアツに生息するアリは地質学者の推定から得られる予想どおり、種の数が少ないとわかった。だが、「短い」百万年間を怠惰に過ごしていたわけではない。体の構造から新種とはっきりわかる証拠も、歴史の古い群島でかなり進んでいる生物多様性がここでも始まりつつあるという明白な証拠も見つかった。ごく簡潔な言い方をすると、バヌアツのアリは進化の春を迎えているところなのだ。

南太平洋についてはもうひとつ話しておきたいことがある。ここで生じていることは、遠い異国での出来事と思えるかもしれないが、じつは世界的な重要性を秘めている。自分がどこに行き、野外調査で何を調べるかを知るうえで、これから話すことは急を要する教訓となるはずだ。

ニューカレドニアにいたとき、我々の小さなチームにエルベ・ジュールダンが加わった。彼は地元の研究開発所に勤める昆虫学者で、長年この地に住んでいる。彼に連れられ、我々はイル・デ・パンを訪れた。本島グランドテールの南端にある小さな島で、少なくともアメリカ人から見れば世界の果てのような所だ。我々の目的は、この島にどんな種類のアリがいるかを調べ、特にブルドッグアリ（キバハリアリ）の一種（*Myrmecia apicalis*）を探すことだった。ブルドッグアリは進化の道筋のうえでオーストラリアのアカツキアリのいとこにあたり、生体構造も行動もアカツキアリと同じくらい原始的な種だ。キバハリアリ属（*Myrmecia*）では八十九種が現代のオーストラリアで発見されているが、そのなかで*Myrmecia apicalis*一種のみがオーストラリア以外の出身なのだ。この昆虫が祖国から遠く離れた国にいるということが、生物地理学者の関心を集める問題となっていた。生物地理学者は動植物の分布図を作り、そのような分布になった背景をひもとくのが仕事だ。ニューカレドニアのブルドッグアリはいつ、どのようにしてこの遠い諸島にたどり着いたのか？　オーストラリアの八十九種のどれがいちばん近い関係にあるのか？　どうやって島の環境に適応したのか？　固有の特徴を備えているとしたら、どのようにしてそうなったのか？

一九五五年にニューカレドニアを訪れたとき、私はこうした問いに答えを見出したいと強く思っていたが、肝心の種がまったく見つからなかった。ニューカレドニア諸島の本島グランドテールに残っていた最後の森は一九四〇年に伐採され、それ以降 *Myrmecia apicalis* は絶滅したと考えられていた。ところが、エルベ・ジュールダンがイル・デ・パンの森林地帯でこの種の働きアリを数匹見つけたのだ。我々は彼と共にそこに行き、できればコロニーを見つけ、この絶滅危惧種についてできる限り調べてみたいと思っていた。幸い、人の手が加えられていない森の奥深くで巣が三つ見つかり、我々は昼も夜も写真を撮り観察を行った。巣は低木の根元に作られていた。トンネルは堆積物で覆われ、外からは見えない作りになっている。餌を集める係の働きアリは夜明けに巣を出て単独で樹冠に行き、芋虫その他の昆虫を捕えて日暮れ時に戻ってくる。その後の研究で、*Myrmecia apicalis* はオーストラリアの北東部の熱帯林に生息しているブルドッグアリ二、三種に非常に近く、習性が同じだと我々は突き止めた。この種がどうやってニューカレドニアに行けたのか、それは何百万、何千万年前のことなのかはいまだに判明していない。

こんな遠い場所での自然史について語ったのは、特別の理由があるからだ。イル・デ・パンにいたとき、我々はこの島の生物多様性の大部分が非常に脅かされていると確認した。ブルドッグアリだけではなく、アリ相の大部分が危機に瀕している。近年、たまたま貨物にまぎれてニューカレドニアに入った別のアリが沖合に浮かぶイル・デ・パンに達し、活動範囲を広げるにつれ、そこに住むアリや他の昆虫ばかりか土壌に生息する無脊椎動物のほぼすべてを駆逐し、この小島の森を乗っ取りつつあるのだ。

外国から来たこの敵は「小さなファイヤーアント」（コカミアリ *Wasmannia auropunctata*）で、もともとは南米の森に生息していた。はからずも人が手を貸した形で、この種は世界の熱帯地方全域に広がりつつある。私が初めてこのアリと出会ったのはプエルトリコとフロリダキーズで、一九五〇年代から一九六〇年代のことだった。その後このアリはニューカレドニアにも到達し、勢力を拡大し始め、この国では特に破壊をもたらす害虫となっている。働きアリは小型なのだがコロニーは非常に大きく、攻撃的なのだ。ファイヤーアントと言えば、やはり外国からもたらされ温帯の国々に広がったヒアリ（*Solenopsis invicta*）の方が有名だが、ニューカレドニアを脅かすコカミアリも破壊力は劣らない。隣国バヌアツの政府はコカミアリがもたらす危険に気づいており、国内で見つかるたびにその上陸地点で殺虫剤を噴霧して駆除し、拡大しないよう試みている。

この小さなファイヤーアントは特にイル・デ・パン島では著しい脅威となっている。我々はブルドッグアリや他の昆虫学上の宝物を探していたとき、何タイプかの森を訪れた。なかにはほぼすべてがナンヨウスギという森もあった。ナンヨウスギはニューカレドニア諸島を代表する植物だ。背が高く尖塔を思わせる格好のこの植物は、何千万年も前から南半球の大陸の縁に沿って繁茂してきた。コカミアリが入りこんでいるナンヨウスギの木立では、先住アリも他の無脊椎動物もほぼすべて姿を消していることに我々は気づいた。ニューカレドニアのブルドッグアリはコカミアリのいない地域で生き延びているが、後者はその地域からわずか一、二マイルというところまで徐々に迫りつつある。他に類を見ないニューカレドニアのブルドッグアリが完全に絶滅するのはほんの何十年か先の話かもしれず、しかも絶滅の危機に瀕しているのはブルドッグアリだけではないのだ。

コカミアリの拡大を食い止めることはできるのだろうか？　ノウメアの研究開発所に勤めているフランス人科学者たちは試行錯誤を繰り返しているが、今のところ成功していない。グランドテールもイル・デ・パンもはるか彼方の島だ、なぜ我々が心配しなけりゃいけないんだ、ときみは思っているかもしれない。心配すべき理由を、私は声を大にして述べたい。このコカミアリは、世界中に拡大している何千種もの侵入者のひとつにすぎないからだ。病気を媒介するカやハエ、家屋をむしばむシロアリ、牧草を駆逐する雑草、その土地の動植物相の敵など、侵入生物種の数はどの国でも急激に増えつつある。在来種が絶滅する重大な要因として、侵入生物種は二位になっている。ちなみに一位は人の活動による生息地の破壊だ。

侵入者による大きな脅威についてもっと詳しく知り、壊滅的レベルに達する前に解決策を見つけるためには、現在よりはるかに充実した科学知識と科学に基づいた技術が必要となる。そもそも探すべきものは何かを知るために、人類は情熱と広い知識を備えた専門家をもっと多く必要としている。そこできみの出番だ。絶滅の危機に瀕しているニューカレドニアのブルドッグアリの話をしたのは、こういうわけなのだ。

IV 理論と全体像

Theory And The Big Picture

十五通目

普遍的知識としての科学

Science as Universal Knowledge

宇宙とそこに含まれるものすべてを、たとえ不完全であっても理解する方法はひとつしかない。科学による方法だ。いや、そんなことはない、社会科学や人文学だってあるじゃないか。きみはそう言うかもしれない。もちろん、きみの言い分はわかっている。そういう意見は今まで百回は聞いてきた。いつも注意深く耳を傾けてきた。だが、自然科学、社会科学、人文学の土台にどれほどの違いがあるだろう？　社会科学は学者の世代が移るにつれ、生物学に収斂されつつある。方法も考えも共有し、その結果ヒトという種の究極的な生物学的本質にますます譲歩しつつある。人文学界には、まるで塹壕に入っているように、自分たちの孤高を必死に守っている人々がいる。たしかに倫理観、美意識、そして特に芸術は科学的世界観とは無関係に作られる。歴史における人間関係のストーリーや芸術は、一、三の楽器のみで奏でる音楽のように無限の可能性を秘めている。だが、人文学がどんなに我々の生活を豊かにし、それが人類にとって何を意味するかをどんなに必死に擁護しようとも、彼らの思考は人間という枠組みに制限されており、この重要な点において彼らは箱のなかに囚われているのだ。地球外知的生命体が有しているかもしれない本質や属性概念を想像してみることさえ非常に難しいというのは、他に理由があるだろうか？

人類以外の知性について憶測するのは純粋な夢想ではない。情報が与えられていれば、それはむしろ思考実験と言えるものだ。ひとつ試してみよう。シロアリが進化して巨大になり、人類に等しい容量の脳をもつに至ったと想像してもらいたい。そんなばかなときみは思うかもしれないね。昆虫の体は騎士の鎧のように外骨格に包まれているため、ネズミより大きくはなれない。しかも人類の脳はそれだけでネズミよりも大きいのだ。でも、待ってくれ。もう少し柔軟な心をもってこのシナリオを考えてみたい。三億六千万から三億年前、石炭紀には羽を広げると九十センチほどにもなるトンボが飛び回り、体長百二十センチのヤスデがのちに石炭となる森林の下生えをかき分け進んでいた。このような巨大化が可能になったのは、大気中の酸素が今よりはるかに豊富だったからだと多くの古生物学者は考えている。酸素が豊富だということだけで呼吸が楽にでき、キチン質ですっぽり包まれた無脊椎動物は大きくなれたのだ。しかも、昆虫の脳の処理能力は過小評価されやすい。私がよく引き合いに出すのはフェアリーフライのメスだ。非常に小さな寄生バチ分類群の一種で、水中にある昆虫の卵のなかで育ち、成虫になると卵から出て脚を櫂のように使い水面に上がっていく。そして水の表面張力をくぐり抜け、しばらくは水面上を歩いている。やがて交尾相手を探しに飛び立ち、交尾した後に再び水辺に戻り、表面張力をくぐり抜けて水底まで潜り、ふさわしい宿主昆虫の卵を探してそのなかにひとつ産卵する。メスのフェアリーフライはこれだけのことをすべて、裸眼ではほとんど見えない小さな脳を使ってやりとげているのだ。

この例に劣らずみごとなのは、ミツバチや一部のアリが複数の場所を覚えられることだ。餌がどこで見つかり、それぞれ何時頃に手に入るかを最大五カ所まで記憶できる。アフリカに生息する捕食性のアリの働きアリは、コロニーの巣から遠く離れた森を単独で徘徊している。円を描いたりジグザグに進んだりしながら、空を背景にして映る木々の葉のパターンを記憶するのだ。ときどき立ち止まっては空を見上げ、位置情報を整理する。そして昆虫を捕えると、この頭のなかの地図を使って巣まで一直線に走ってゆく。

昆虫の脳は今きみが読んでいる文章のクエスチョンマークの点よりわずかに大きい程度なのだが、なぜこれほどの情報を処理できるのだろう？　主な理由は脳のつくりにある。我々人間を含め大型の動物では、グリア細胞が脳細胞を支え保護しているが、昆虫の脳にはグリア細胞がないため、その分多くの脳細胞を詰めこめる。単位体積で見ると昆虫の方がはるかに効率の良いつくりになっているのだ。さらに、脳細胞のひとつひとつが他の細胞と接続している数は、平均すると昆虫の方が脊椎動物よりも多いため、情報を伝達する際に流通センターの数が少なくてすむ。

過去の時代に高い知性をもった昆虫がいたかもしれないというのはまったく奇想天外な考えではない、ということぐらいは理解してもらえたなら、シロアリの話の続きに戻りたい。地球と同じような他の天体に存在する架空のシロアリ文化の倫理観や美意識について、あらましを述べてみる。このシロアリは現代の地球に生息するシロアリを元にしているが、体はもっと大きく、人間レベルの知性を備えている。もちろん、これは空想科学小説だが、たいていのSFと違い、たしかな科学に完全に基づいたものだ。

タイトル『遠い惑星で栄えるスーパーシロアリ文明』

バンパイアのように日の光を避け、光に当たるとたちまち死んでしまう。そんなシロアリが餌を探す必要に迫られ、巣から出てきた。もちろん夜中だ。彼らは漆黒の闇、高い湿度、一定した温度を好む。食すのは腐った植物質だ。一部の者は腐った植物で覆った庭で菌類を育て、それも食している。地球に生息している社会性昆虫の一部がそうであるように、彼らも王と女王だけが生殖を許されている。女王の腹は卵巣で巨大に膨れ、なかにはロイヤルベビーとなる細胞が詰まっている。女王は食べる以外ほとんど何もせず、絶えまなく産卵する。そして、そばに立っている小さな王とときおり交尾する。女王が支配するこの国では何百、何千もの労働者が無私無欲で働き、弟たち妹たちを育てることに生涯を捧げている。人間の司祭や修道女と同じように、彼らも性に振り回されることはない。子どもたちのなかには、まれに王や女王となる者が出てくる。彼らは巣を去り、交尾相手を見つけ、新たなコロニーを作り始める。労働者の仕事は子育てだけではない。教育、科学、文化も含め、このスーパーシロアリ文明を支える役割も果たしている。住民には兵士も大勢いる。彼らは大きな顎と強靭な筋肉、そして毒腺を備えている。毒は唾液と共に吐いて使用する。コロニー間にたびたび勃発する戦闘のために、彼らはこうして準備しているのだ。

　生活は質素で、グループの掟を少しでも破った者、生殖を試みようとした者、仲間を攻撃しようとした者は死刑に処せられる。労働者の死体は、死因がなんであれ、食糧とされる。病気になった者、傷を負った者もやはり食べられてしまう。コミュニケーションはフェロモンによるものがほとんどだ。我々が咽頭と口を使って声を出すように、彼らは全身のあちこちに存在する腺から分泌物を出し、その味や匂いでコミュニケーションを図っている。我々のやり方はウラジーミル・ナボコフの有名な小説『ロリータ』にみごとに描かれている。「ロ・

リー・タ。舌の先を三回動かし、歯に三回軽く当てる」。これをフェロモンの分泌でやってみるとどんな感じだろう。フェロモンの種類の組み合わせや順番に変化をつけ、体の側面にある出口から三回噴出する。フェロモンで奏でる音楽を音に翻訳すると、もしかしたら人間にとってたえなる調べとなるかもしれない。メロディーも、カデンツァ（装飾的な楽節）も、ビートもあり、クレッシェンドで盛り上がっていく。参加するスーパーシロアリたちのオーケストラで交響楽でもなんでも演奏できる。それもこれもすべては匂いによってもたらされるのだ。

このように、スーパーシロアリの文化は我々のそれとは根本的に異なり、解釈するのは非常に難しい。我々が人間性を備えているように、彼らもシロアリ性を備えていることだろう。スーパーシロアリの科学技術の方が多少進んでいるかもしれないが、我々の技術と同じように進歩してきたはずだ。

我々はこのようなスーパーシロアリを好きにはなれないだろうし、他の異星の知的生命体もそう感じると思う。スーパーシロアリだって我々を好きにはならないだろう。互いに感覚も脳のつくりも根本的に違うだけではなく、倫理的に反感を覚えるはずだ。それでも、科学知識を分かち合えばお互いにとっておおいにためになるだろう。ああ、忘れないうちに言っておこう。文化や動植物相全体を思い描くのに空想する必要はない。今きみに話した地球外シロアリは、文化の点を除いて、アフリカに実際に生息しているアリ塚を作るタイプのシロアリに基づいたものだ。

これと似たような不思議な世界がきみに気づかれる日を待っている。科学的知識の普遍的本質には、まだまだ無限と言えるほどの驚きが隠されているのだ。

十六通目

地球上で新たな世界を探す

Searching for New Worlds on Earth

科学で重要な発見をするためには、どの分野であっても、自分が関心のあるテーマについて幅広い知識を得るだけではなく、その知識のなかの空白部分を見つける能力も必要だ。まったく知られていないことは、適切に扱えばすばらしいチャンスになる。ふさわしい問いかけをするのは、ふさわしい答えを探すよりも高い知的水準が求められる。研究をしていると、思いがけない現象に出くわすことがよくある。これが今まで問われていなかった問いに対する答えとなる。問われていない問い、すでに問いはなされているが答えがまだ求められていない問いを見つけ出すには、想像力をフルに働かせることが不可欠だ。それが本当に独創的な科学を創る方法なのだ。したがって、奇異なもの、ちょっとした逸脱、一見すると取るに足らないものに見えるが、よくよく調べてみると重要なことかもしれない現象を特に探してみるとよい。入手した情報に目を通したら、頭のなかでシナリオを組み立ててみる。「変だぞ」という気持ちを生かす。

私は今まで生物学に多くの時間を費やしてきた。生物学者だから当然なのだが、他の科学分野にもやはり同じような発見の宝物があると強調しておきたい。特に数学者や化学者とはよく一緒に仕事をしており、彼らの発見方法――発見する過程――が生物学とよく似ていることも知っている。たとえば有機化学では、無限に近い分子の配列、自然界におけるこの化学多様性の出現、そして分子それぞれの物理的および組み合わせに関する性質についての調査がかなりの部分を占めている。例として炭化水素を挙げてみよう。最も炭素数の少ない基本的なCH_4（メタン）に炭素をC_2、C_3、C_4とひとつずつ直列で加えていき、さらに二重結合や三重結合にし、その途中でS（硫黄）、N（窒素）、O（酸素）、OH（水酸基を含むもの）といったラジカル（遊離基）をちりばめ、その構造も可能であれば直鎖、分枝、環状、螺旋状、ひだ状に変化させられる。作られる可能性のある分子という「種」の数は、分子量の増加と共に増えていき、その増加率は爆発的などという表現では生ぬるいほどだ。二〇一二年までに四百万種の有機化合物が知られ、毎年新たに十万種以上の特徴が明らかにされている。生物において百九十万種が知られ、毎年一万八千の新種が発見されているのといい勝負だ。有機化学の大部分、そしてその一分野である天然物化学〔生物が産生する物質を対象とする〕は、分子の合成とその特徴の研究から成り立っている。対象を生体内で生じるものに特定した場合、有機化学は生化学に変わる。生体内で生じる作用の実質上すべて、そして生体構造のすべては有機分子の相互作用にすぎないのだ。ひとつの細胞は熱帯雨林のミニチュアに似ている。生化学者や分子生物学者はこの小さな森に足を踏み入れ、調査をし、その有機的構造、亜種、機能を発見し特徴づけを行う。

天文学者の考え方も同じだ。無限とも言える宇宙と時間のなかをさまよい、数々の銀河や恒星系、そしてその内部や星間に存在する物質のエネルギー形態を発見し特徴づけを行う。素粒子物理学も同様に、物質やエネルギーの究極の構成要素を探る道のりは未知の世界への旅に似ている。

科学とは、素粒子から宇宙全体まで、大きさにして十の三十五乗（一、十、百、千…）もの幅がある世界を対象に、人類が現実の法則に当てはめて想像の羽を伸ばす大事業を支配するものだ。たとえ我々の知性が生物圏のみに限られていたとしても、それでも科学研究は果てしない探求の冒険と言えるだろう。生命は地球の表面をあますところなく覆っている。生物のまったくいない所は一平方メートルもない。エベレストの頂上には細菌や微細菌が存在している。昆虫やクモは熱上昇気流によって飛ばされてくる。さらに、トビムシやそれを餌とするハエトリグモを含む数種が頂上に近い斜面で生き延びている。逆に、西太平洋のマリアナ海溝の深さは海面から一万メートルあまり、その海底には細菌や微細菌が繁殖しており、魚もいれば、単細胞で驚くほど大型のさまざまな有孔虫も生息している。

当然ながら、地球上のどこかには最も多様な生物が生息している場所があるはずだ。エクアドルのヤスニ国立公園には、ナポ川とクラライ川にはさまれたみごとな熱帯雨林が含まれており、ここは生物多様性の豊かさで世界屈指だと言われている。より正確に言うと、面積九千八百二十平方キロの土地でこれほど多くの動植物種が見られる所は他にないと信じられている。現在までに知られている種の数だけでも裏づけられよう。この公園全体で鳥は五百九十六種、両生類は百五十種（北米に生息する種の総計よりも多い）、昆虫は十万種、そして樹木は一ヘクタール平均六百五十五種にもなる――樹木も北米の総計より多い。ヤスニよりも豊かな生物多様性が見られる場所があるとしたら、アマゾンとオリノコ川流域のまだあまり調査されていない地域だろう。控えめに言っても、ヤスニ国立公園は多様性の頂点に非常に近い。そして、多様性の点でヤスニを含むアマゾン・オリノコ地域に匹敵する場所は世界のどこにもない。

生物多様性に注目すべき理由はもうひとつある。まだ生物学者たちにもあまり認識されていないのだが、ヤスニ国立公園の生物種の数値はすでに過去のものとなっているかもしれないのだ。生命の歴史全体を見ると、五億四千四百万年前の古生代には世界の動植物種の数が非常にゆっくりとだが増えていた。そして六万年ほど前、ホモ・サピエンスがアフリカから世界中へと広がり始めた頃、地球の生物多様性は史上最高値に達していた可能性が高い。その後は絶滅に次ぐ絶滅の時代が続き、人間の活動が徐々に生物種の数を減らし始め、今や絶滅のスピードは増す一方となっている。ヤスニは今のところは持ちこたえており、だからこそ世界的な宝庫として認められている。ヤスニに生息する動物種、特に昆虫はほんの一部しか知られておらず、個々の生態となると知識は皆無に近い。ヤスニに、そして他の同じく生物多様性の高い地域に生息する生物について、我々はできる限り知りたいと思っている。なぜそのような地域の生物多様性が高いのか、理由を知りたいのだ――人間の貪欲さによって滅ぼされてしまわないうちに。

地球上にはまた、生命の存在していない火星の表面を思わせるような場所もあり、そういう所も調べる価値はある。その場所とは南極大陸のマクマードドライバレーだ。ざっと見た限りでは、加熱滅菌したガラス器の表面ほどにも生物は存在していないように思える。だが、ここにもいるのだ。極氷に覆われた土地に囲まれたこの地には、地球上最も種類が少なく、最も変化に乏しい生態系が存在している。窒素密度は生息地としては最も低く、水もなきに等しいのだが、それでも驚くべきことに、マクマードドライバレーの土壌中には細菌が生息している。点々と転がっている岩には生物などまったくいないように見えるが、一部の岩では目に見えないほどわずかな割れ目にしがみつくようにして地衣類のコミュニティが存在している。地衣類とはきわめて小さな菌類で、緑藻などと共生関係にある。岩の表面下わずか二ミリのところに集まって層をなしているのだ。エンドリス〔岩石内に生息している生物〕としては地衣類だけではなく、自分で光合成を行える細菌も存在している。

マクマードドライバレーには凍てついた川や湖が点在し、それが周囲の土壌にわずかながら水分をもたらしている。水は水滴や薄い膜の形で生じ、これがきわめて小さな動物たちのすみかとなる。緩歩動物もそのひとつだ。クマムシとも呼ばれるこの不思議な動物については、先の手紙でも触れた。それからワムシ、そして最も多いのが回虫とも呼ばれる線虫だ。線虫は裸眼ではほとんど見えないが、この火星的世界の食物連鎖では頂点に位置している。線虫を陸上動物のトラにたとえたら、アンテロープに相当する餌は土壌中の細菌だ。さらに数カ所では珍しいダニやトビムシ類も見られる。後者は原始的なタイプの昆虫だ。南極大陸では、昆虫が生息する地域全体で六十七種が記録されているが、自由生活種〔宿主を必要とせず独立して生息する種〕はほんの数種しかいない。大部分は寄生虫で、動物の体内や鳥の羽毛、哺乳類の毛皮に寄生している。

生物学的調査が始まったばかりの土地は、この地球上にたくさんある。永遠の闇に包まれた深海の底には大山脈が連なり、人が訪れたことのない深い谷が刻まれ、山脈と山脈の間には広大な平原がある。山の多くはその先端が海面上にまで達し、大洋島や群島となっている。頂上が海面近くにまで迫っているが海中にとどまっている山もあり、これを海山という。海山の頂上は海洋生物でびっしり覆われているが、そうした生物の多くはその場所に固有の種だ。海山の正確な数はいまだにわかっておらず、何十万にも達すると推測されている。人類の有する知識がどの程度のものか考えてみたまえ！ 地球の表面の七十％を覆っている海の下には、失われた世界〔かつて存在していた生物を指している〕が無数と言えるほど存在している。それらを完全に知るには、科学のあらゆる分野の探検家が何世代もかけて調べ上げる必要があるだろう。

地球上の生物はまだほとんど知られていないため、家にいながらにして科学の探検家になれるほどだ。生物多様性については、分子レベルから生物、そして生態系における地位に至るまで、あらゆるレベルにおいて地図作りがかろうじて始まったばかりだ。世界中の生物種を分類群ごとに、すでに知られている種と未知の種の数を示した次の表を見てもらいたい。私がよく地球のことをほとんど知られていない惑星と呼ぶのはこういうわけなのだ。表のデータは二〇〇九年、オーストラリア政府の賛助のもとに行われた世界的調査を用いた。

分類群	科学的に知られている 地球上の生物種の数	地球上に生息すると 推定される生物種の数 （既知種＋未発見種）
植物	298,000	391,000
菌類	99,000	1,500,000
昆虫	1,000,000	5,000,000
クモおよび 他のクモ形類	102,000	600,000
軟体動物	85,000	200,000
線虫（回虫）	25,000	500,000
哺乳類	5,487	5,500
鳥類	9,990	10,000
両生類 （カエルなど）	6,500	15,000
魚類	31,000	40,000

（2009年）

二〇〇九年の時点ですでに発見され、記述され、正式なラテン名をつけられている世界中の種の合計は百九十万種と推定されたが、既知種に未発見種を加えた実際の数となると、ゆうに一千万種を超える。生物のなかで最も知られていない単細胞の真正細菌や古細菌（アーキア）まで加えると、その数は一億種を超えるかもしれない。五千キログラムの肥沃な土には三百万種が含まれ、そのほとんどは科学的に知られていないとする推定もある。

真正細菌や古細菌はなぜ研究が進んでいなかったのだろう？（後者は単細胞生物の重要なグループで、見た目は真正細菌に似ているがDNAは非常に異なる）理由のひとつとして、このような生物の「種」の定義がいまだに満足のいくものとなっていない点が挙げられる。さらに大きな理由は、真正細菌や古細菌は成長できる環境も、生きるために必要な餌も、種類によってまちまちだという点だ。科学的な研究を行うには十分な細胞が必要なのだが、微生物学者はほとんどの真正細菌や古細菌の培養法をまだ確立できずにいる。だが、迅速なDNA配列解読が可能となり、ほんの数細胞あれば菌株の遺伝子情報が決定できるようになった。その結果、種の多様性の研究が劇的に進み始めた。

生物多様性について、このような数値を引用したのは、きみに分類学者になるようすすめるためではない――分類学者を目指すのは、これからしばらくの間は悪い選択ではないだろうが。それよりも、この地球に生息する生き物について我々がいかに知らないかを強調したいのだ。また、種というものが分子から生態系までヒエラルキー構造をなす生物有機体の体制の一レベルにすぎないことを考えると、生物学および生物学に関連したあらゆる物理学や化学の可能性がいかに大きいかもすぐにわかるはずだ。

科学者が生物多様性について分類学レベルでおおざっぱにでも把握していないとなれば、生活環や生理学や種それぞれの生態的地位はよけいに理解できなくなる。いろいろな領域で訓練を積んでいる生物学者たちがごく一握りの場所で研究に力を注いでいるが、独自の特徴をもつ個々の種がいかにしてまとまり生態系を作り上げているのか、我々はまだ解明できずにいる。この点について少し考えてみてもらいたい。池でも山頂でも、砂漠や熱帯雨林でも、生態系は実際のところどのようなしくみになっているのだろう？　種と種を結びつけているものはなんなのか？　生態系は崩れることがあるが、それはどのような圧力がかかったときか？　なぜ、いかにして崩れるのか？　実際、多くの生態系が崩壊しつつある。人類がこれからも生き延びていくためには、このような問いに対する答えがどうしても必要だ。生態系に関する問いだけではなく、我々の故郷である地球に関する問いについてもしかりだ。残された時間はそう長くはない。人類はもっと科学的に取り組む必要がある。そのためにはあらゆる分野の科学者がもっと大勢必要だ。きみへの最初の手紙に書いた言葉をここで繰り返そう。世界はきみを必要としているのだ。

十七通目
理論を組み立てる

The Making of Theories

科学理論の本質を説明するには、抽象的な一般論ではなく、理論を組み立てていく実際のプロセスの例を示すのがいちばんんだ。しかも、科学のこの部分は個人の独創的な、その人ならではの知的活動の所産であり、なかなか言葉では言い表せないため、私自身が関わったエピソードを二つ使い、核心をつく書き方をしてみようと思う。

最初のエピソードは化学コミュニケーション理論だ。植物、動物、そして微生物のほとんどはフェロモンと呼ばれる化学物質によってコミュニケートしている。フェロモンには匂いまたは味がある。視覚と聴覚を主に使う数少ない生物は、人類、鳥、チョウ、珊瑚礁に生息する魚などだ。私はアリの社会行動を研究していた一九五〇年代に、この非常に社会性の高い昆虫がさまざまな物質を体のさまざまな場所から放出することに気づいた。アリが発する情報は、動物界屈指の複雑さと正確さを備えている。

やがてアリのコミュニケーションに関する新たな情報が次々に入ってくるようになり、初期の研究を行っていた我々は、断片的なデータをまとめて理解する方法が必要になった。つまり、化学コミュニケーションの一般論が必要になったのだ。

この初期の段階に、ウィリアム〔愛称ビル〕・H・ボサートの共同研究者として研究に取り組めたのは非常に運がよかった。ボサートはすばらしい数学者で、理論生物学で博士号をめざしていた。一九六三年、学位取得の要件を満たした彼はハーバードに学部教員として招かれ、その後まもなく応用数学で終身教授となった。彼がまだ大学院生だった頃、私は彼と一緒にフェロモン・コミュニケーション理論を考え出した。このような理論を打ち立てるのに適した時期だったのだ。そして我々は成功した。私は科学者として長年生きてきたが、ビルとの共同プロジェクトほどすみやかに成果を出せたことは一度もない。

私はまず、この新しいテーマについて知っていることを彼に話した。化学コミュニケーションというものがわかってきたところだったため、その基本的特性を説明しただけだ。初期段階だった当時は情報量がそう多くなかったのだ。彼に話したのは次のようなことだ。野外調査と研究室での実験から、さまざまなフェロモンが存在するとわかった。まずは知られているフェロモンすべての役割を分類するところから始め、それから各フェロモンをひとつずつ解明していくのが筋だと思う。ほとんどの研究者はフェロモン分子の形と機能の解明を目標にしているが、我々の理論はそれだけではなく、どう進化してきたのかという点も含めたい。簡単に言うと、フェロモンとは何か、どのように働くのかを知りたいのはもちろんだが、「なぜ」その分子であって、他の分子ではだめなのかも知りたい。

理論そのものをきみに伝える前に、このような「なぜ」という問いかけについて説明しておきたい。フェロモン分子は最良の形で使われているのか、それとも目的を果たすために使えるわずかな選択肢から無作為に選ばれているのか？　フェロモンが拡散していくさまを見られるものなら、そのメッセージは「どのような形」をしているのか？　動物はひとつひとつのメッセージに大量のフェロモンを放出するのか、それともほんの少しか？　フェロモン分子は空中または水中をどのくらいの速度で、どの程度の距離まで進むのか、そしてその理由は？

ここでようやく理論の登場となる。簡単に言うと次のようなものだ。

フェロモンの各メッセージは自然選択により操作されてきたもの、つまり世代を重ねていく間に突然変異の試行錯誤を経て最良の分子が優位となり、その環境の制約のなかで最も効果的な形で伝達できるものである。

アリの個体群が二つの競合するコロニーから始まったと仮定する。第一のコロニーはある分子を作り出し、それをなんらかの方法でコミュニケーションに使用する。第二のコロニーは別の分子を作るが、第一コロニーのよりも効果が薄いか、使用方法の点で効率が劣るか、またはその両方だとする。この場合、第一コロニーの方が生存しやすく、したがって娘コロニーを多く作ることができる。全コロニーを合わせた個体群として見てみると、やがて第一コロニーの子孫が優位に立つようになる。その間にフェロモンの成分または使用法、あるいはその両方で進化が生じたと考えられる。

「アリや他のフェロモンを使う生物をエンジニアと考えてみよう」。ビルと私は意見が一致し、すぐさま観察に取りかかった。臭跡をつけて仲間を集めるアリを対象とするため、次のピクニックでケーキのくずを落としてみた（きみの家にアリがはびこっているなら、キッチンの床で観察できる）。ケーキを見つけたアリの斥候はフェロモンをゆるやかなペースで垂らして臭跡をつけていく、と考えるのが妥当だろう。体内に蓄えているフェロモン物質を長持ちさせるためだ。ケーキくずから巣まで、アリにとっては数キロメートルに相当するかもしれない。それだけの距離に臭跡をつけられるとなれば、アリは燃費の良い車のエンジンのようであるはずだ。効率よく燃費を低く抑えるために、フェロモンは理論上アリが臭跡をたどれるほど強力な臭いでなければならない。また、フェロモンはプライバシーを守るため、その種に固有のものでなければならない。他の種のアリに臭跡をたどられるとそのコロニーにとって都合が悪いうえに、トカゲなどの捕食者に臭跡から巣を発見されると危険だからだ。さらに、この道しるべフェロモンはゆっくり揮発する物質でないといけない。同じコロニーの仲間が目的地までたどり着けるまで臭いが残っている必要があるからだ。仲間は目的地に着くと、今度は自分で臭跡をつけていく。

それから警報フェロモンがある。働きアリや他の社会性昆虫が巣の内外で敵から攻撃を受けた場合、仲間がすばやく反応するよう大声ではっきりと「叫ぶ」必要がある。したがって、このフェロモンは急速に拡散し、遠距離まで継続して運ばれ、そしてすぐに消えるものでなければならない。消えずに残っていると、たとえちょっとした騒ぎであっても頻繁に生じるものであれば、火災報知器が鳴りっぱなしのような大混乱状態が続くことになる。同時に、道しるべフェロモンとは異なり、プライバシーの心配は不要だ。警戒心をむきだしにして攻撃してくる働きアリが群がっている所に敵が近づいても、得るものはほとんどないだろう。

話が少しそれるが、警報フェロモンの臭いを自分で嗅ぐ簡単な方法をお教えしよう。花に止まっているミツバチをハンカチか何か柔らかい布で捕え、その布を丸めてそっと握ってみる。ミツバチは布を刺す。針はハチが身を引く際に体から抜け、布に刺さったままになる

（針には返しとげがあるため、刺さると抜けない）。布に残った針にはハチの内臓の一部もついている。ハチは脇に置いておき、この針と内臓を指二本でつぶしてみよう。バナナのエッセンスのような臭いがするはずだ。それは刺針鞘に沿っているごく小さな腺に酢酸塩とアルコールの混ざったものが入っているからだ。この物質には警報信号としての働きがあり、したがって他のハチも同じ場所に飛んできて自分の針を刺す。次に、もし針を抜かれたハチが飛び去っていなければ、その頭をつぶして臭いをかいでみよう。つんとする臭いは二つめの警報物質2－ヘプタノンで、これは下顎の付け根にある腺から出される。（働きバチを殺して後ろめたい気持ちになる必要はない。成虫になってからの寿命はわずか一カ月ほどしかなく、ひとつのコロニーにいる数万匹のうちの一匹にすぎないのだから。しかも、コロニーは不滅とも言える。定期的に新たな女王バチが先代にとって代わっているからだ）

フェロモンの三つめの種類は誘引物質、特に性フェロモンで、メスはこれを使ってオスを呼び寄せ交尾する。この現象は社会性昆虫だけでなく、動物界全体で見られるものだ。他の誘引フェロモンとして、顕花植物の香りが挙げられる。花は香りでチョウやハチその他の花粉媒介者を呼び寄せる。最も強烈な誘引物質はメスのガの性フェロモンで、一キロかそれ以上離れた風下にいるオスでも呼べるのだ。

フェロモンを分類する段階で、最後にビルと私は、仲間を認識する物質もあるはずだと推測した。アリはそういう物質の臭いを嗅ぐと、別のアリが同じコロニーの者かどうかがわかる。また、兵隊アリ、ふつうの働きアリ、女王アリ、卵、さなぎ、幼虫を判断でき、幼虫であれば月齢までわかる。このような化学物質のバッジを四六時中身につけているということは、つまりフェロモンを皮膚のようにまとっていることだ。認知フェロモンは単一物質の場合もあるが、複数の物質の混合物の場合の方が多い。非常にゆっくりと揮発し、至近距離でのみ感知できるものでないといけない。一匹のアリか他の社会性昆虫がたとえば臭跡をたどっているとき、または巣に入るときに別の個体に近づくさまをじっくり観察してみると、二匹は互いの体を二本の触覚で軽く触れるのがわかる――ほぼ目にもとまらぬ速さだ。二匹は互いに相手の体臭をチェックしている。同じ体臭であれば、互いにそのまま通り過ぎる。体臭が異なれば戦うか、逃げるかのどちらかだ。

ここまで調べた時点で、ビルと私は進化生物学の「適応工学」から離れ、生物物理学に移った。動物の体から放出されたフェロモン分子の広がり方を、できるだけ正確に思い描く必要があったのだ。フェロモンの霧は広がっていくにつれ、当然ながら密度が低くなっていく。空間一立方ミリメートルに含まれる分子の数がますます少なくなっていき、最後には分子が少なすぎて臭いも味もわからなくなる。ビルは極めて重要な「作用空間」という概念を考案した。この空間内ではフェロモン分子が動植物その他の生物によって感知できる密度にある、というものだ。彼はモデルを作り（ついに純粋数学の出番だ！）、フェロモンの作用空間の形を予測した。我々は今やフェロモン・コミュニケーション理論構築の新たな段階に入ったのだ。

アリでも他の生物でも、風のない状況で地面から送信する場合、作用空間は半球状となり、送信者は平面の中心に位置することになる。木の葉など地面から離れた場所で送信し、風がある場合には、作用空間は（おおざっぱに言うとアメリカン・フットボールのような）楕円形となり、その両端は先が細くなって点となる。送信者は一方の点に位置し、フェロモンを風下へと放出する。また、臭跡として長い間感知できるのに十分な量を地面につけた場合、作用空間はとても長い半楕円形、つまり楕円形を縦半分に切り、平面を地面に置いた形となる。

次に、我々は分子そのものの構造に目を向けた。道しるべフェロモンと認知フェロモンはゆっくり拡散していく必要があるため、比較的大きな単一分子または複合分子で成り立っているはずだ。いっぽう、警報フェロモンは作用空間がより限られ、すばやく拡散する必要があるため、分子の大きさは進化の過程でより小さなものになっているはずだ。作用空間の特性は、次の五つの変数によって決まる。フェロモン物質の拡散速度、周囲の気温、空気の流れの速度、フェロモンが放出される速度、そしてフェロモンを感知する生物の感受性の程度だ。このように量を測定できるものが整って、初めて理論は具体的な形をとり始める。野外や研究室において、動物の交信を研究するための道具となる。

次に、我々はしばらく生物物理学から離れ、フェロモン分子の特質を知るために天然物化学の領域に足を踏み入れた。これは医薬品でも工業でも研究に広く使われている科学分野だ。幸いなことに、少し前に分子分析に大きな進歩があったおかげで、この分野に関するフェロモン研究が実現可能となった。一九五〇年代末にガスクロマトグラフィーと分光分析を組み合わせた新技術が誕生し、一グラムの百万分の一かそれ以下というわずかな量でも物質を特定できるようになった。それまでは純粋な物質が一グラムの千分の一なければ特定できなかったのが、今や千分の一の千分の一で事足りるようになったのだ。この技術により、有毒な汚染物質も含め環境中の物質を検出できるようになった。また、DNA配列解読技術（血の一滴やワイングラスを拭った布だけで解読できる）の進歩により、法医学は間もなく変貌を遂げることとなった。そして我々や他の研究者にとっては、一匹の昆虫の体内にあるフェロモンの特定が可能になったのだ。アリ一匹の体重はふつう一ミリグラムから十ミリグラムだ。たとえある特定のフェロモンが体重の千分の一、いや百万分の一であっても、その分子の特性決定になんらかの進展が見られる。私と一緒に研究をしている化学者は、アリを百匹でも千匹でも集められる。これは偉業でもなんでもない。シャベルとバケツさえあればよく、集めやすさは研究対象をアリにする大きな利点のひとつだ。したがって、フェロモン物質の候補を単離できるだけでなく、バイオアッセイ（生物学的試験）に十分な量を得ることができる。つまり、物質を実際のコロニーに使用し、理論が示すのと同じ反応を引き起こせるかどうかを検証できるのだ。

フェロモン研究の初期段階に、私の友人で生化学者のジョン・ローは外来種のファイヤーアントが臭跡をつける物質の特定に取りかかった。当時、ファイヤーアントはすでにアメリカ南部で害虫とみなされていた。フェロモンをたっぷり集めるためには何万匹、いや、何十万匹ものアリが必要だろう。だが、それだけのアリは集められそうだ。ファイヤーアントのコロニーひとつに二十万匹以上の働きアリがいるからだ。しかも、多くのファイヤーアントをすばやく効果的に集める方法を私は知っていた。南米の氾濫原が原産のファイヤーアントは浸水を避ける独特の方法を身につけている。洪水になりそうだと周囲の状況などから判断すると、ファイヤーアントは卵も芋虫のような幼虫もさなぎもすべて巣の入り口付近に運び、母親である女王をつついてやはり入口近くに行かせる。巣の部屋が浸水すると、働きアリは体を張っていかだを作る。そしてコロニー全体が無事に下流へと流されていくのだ。冠水していない土地に着くと、この生けるノアの方舟は解かれ、新たな巣が掘られる。

ファイヤーアントの巣を掘り返してアリを土ごと近くの水たまりに入れたら、土は底に沈み、アリだけがいかだとなって水面に浮かぶのではないか、と私は考えた。フロリダ州ジャクソンビル郊外の道端でこのおおざっぱな方法を試してみたところ成功し、研究に必要な十万匹をハーバードのローの研究室に持ち帰った（およその数だ、数えたわけではない！）。私は怒ったアリたちに刺されて両手にみみずばれが無数にでき、むずがゆくてたまらなかった。

ファイヤーアントの道しるべフェロモンの研究は、最初のうちは順調だった。肝心の物質は比較的単純な分子――テルペノイド――らしく、その完全な分子構造は判明しそうに思われたのだが、歯がゆいことに不可解な壁に突き当たった。化学者たちはその物質を精製し、特性を断定すべく努力していた。我々は精製されたその物質を使い、研究室で人工の臭跡をつけ、アリの反応評価に取りかかったのだが、フェロモンを含んでいるはずのその少量の物質に対する反応は徐々に弱くなっていく。このフェロモンは不安定な化合物なのか？　その可能性はおおいにある。おそらく現在使える設備や器具では特定できないと我々は結論を下し、実験を打ち切った。そして同じことを試みている他の研究者を助けようと、科学専門誌『ネイチャー』に小論文を発表した。これは失敗に終わった実験報告を編集者が掲載に踏み切った数少ない例のひとつとなった。

それから何年も後、フロリダでファイヤーアントのフェロモンを研究している天然物化学者ロバート・K・ヴァンダー・ミーアが、我々の失敗原因を突き止めた。道しるべフェロモンは単一ではなく、複数のフェロモンの寄せ集めで、どれも針から地面へと放出されることが判明したのだ。巣の仲間を惹きつけるフェロモン、興奮させ行動を促すフェロモン、さらにもうひとつ、化学物質が揮発してできる作用空間のなかを進めるよう導くフェロモンが臭跡に層をなしている。野外でも研究室でも、ファイヤーアントの働きアリから完全に反応を引き出すためには、これらの成分すべてが必要なのだ。我々はこの複雑さを理解しておらず、成分ひとつのみに狙いを定めていたため、これらのフェロモンの正体をひとつとして見極めることができなかった。

一九六〇年代から一九七〇年代にかけて、フェロモンは広く深く研究され、化学生態学という新たな分野で重要な一要素となった。複雑なものとわかったアリやミツバチのコロニーのフェロモン暗号を、科学者たちはますます正確に解明していった。フェロモンによるコミュニケーションは自然選択による工学だという我々の理論は満足のゆく結果を得た。けれども我々が扱ったのは生物学であり、独自に行われてきた自然選択との相互関係という我々の提案については、おおよそのことしか解明されていない。妙な、変わった例外がいくつか発見され、その一部はさらなる理論と実験的試験が今もなお必要とされている。

植物、動物、菌類、そして微生物は非常に複雑な形で作用し合っている。そうした生物を包含するものとして、生態系は新たな目で見られるようになり、それに伴い生態学を導く理論も変化していった。人の目でも耳でも捕えることのできない、人とは異なる感覚の世界が存在しているのだ。合図は空中を流れ、地上に広がり、土壌のなかや水たまりのなかでも伝わっていく。臭気やかぐわしい香りが十字に交差し、我々には聞こえない幾多もの声がさまざまな情報を流し、脅し、呼びかけている。


「同じコロニーのメンバーです、そちらに近づいていますのでチェックをよろしく」

「敵の斥候を発見、さあ早く私についてきて」

「今夜花を開いたわ、ここに来て花粉と蜜を召し上がって」

「あたしヤママユガよ、同種の殿方は風上に向かっていらしてね」

「ジャガーだ。俺のなわばりには誰も入れさせない。この臭いに気づいたおまえは侵入したということだ。とっとと出て行け」


科学と技術によって我々はこの世界に入ったものの、探検はまだ始まったばかりだ。この世界をもっとよく知るようになって初めて、我々は生態系がどのようにまとまっているのか理解するのに必要な知識の断片を手に入れられる。そしてその知識から、生態系を保護する方法も見えてくる。

理論がどのようにして作られ、どのように働くか、これでわかってもらえただろうか。理論を構築する作業は面倒に感じることもあるが、理論は真実であり美しいものになりうるのだ。今回の手紙に書いたテーマは化学物質によるコミュニケーションだが、どんなテーマでも、事実に関する情報が増えていくにつれ、それらが意味するものに我々は思いをはせる。発見した現象がどのように働くのか、なぜそのような現象が生じるに至ったのか、我々科学者は命題を立てる。さまざまな仮説を検証する方法を見つける。そしてジグソーパズルのようにパーツを組み合わせたときに現れるパターンを探す。もしそのようなパターンが見つかれば、それは使える理論となる——それを使って新たな調査を考え、テーマ全体を前へと推し進める。もし理論の拡張があまりうまくいかず、その理論と矛盾する事実が見つかった場合は調整する。それでもうまくいかない場合はその理論を捨て、新たな理論を作り上げる。こうしてひとつずつ段階を踏んでいきながら、科学は真実に近づいていく。速く進むこともあれば、なかなか進まないこともあるが、必ず真実に向かって近づいていく。

十八通目

規模の大きな生物理論

Biological Theory on a Grand Scale

理論を作り上げていく例の二つめは生物地理学、動植物の分布を解明する科学だ。時空の広さという点で、生物地理学は生物学の究極的な分野と言える。天文学が自然科学の究極的な分野なのと同じだ。種がその土地に生息するに至った経緯の研究に、世界に分布する種の地図作りが加わったとき、生物地理学は崇高なる雄大さを備えることになる。少なくとも、学生時代の私はそう感じていた。進化の過程を学ぶべく記述的な博物学を勉強していた十代後半の私は、次のような問いかけができるようになっていた。生物多様性はどのような過程を経て誕生したのか？　種はどのような過程を経て現在の地理的範囲に散らばっていったのか？　どちらの過程も特に理由がなく生じたわけではない、と本に書いてある。しかるべき因果があるのだ、と。当時、私はすでに昆虫の専門家として、博物学で身を立てるべく勉強に没頭していた。政府機関に勤務する昆虫学者、または公園保護官、それとも教師。そうだ、本物の科学者にだってなれる！　そう思い、私は喜んでいた。

最初の啓示は現代総合説〔現代進化論ともいう〕から受けた。これはほぼ一九三〇年代から四〇年代の間にまとめられた学説で、ダーウィンの自然選択による進化論と、遺伝学、分類学、細胞学、古生物学、生態学という現代の科学分野における進歩とを結びつけたものだ。特に感銘を受けたのはエルンスト・マイヤーが一九四二年に発表した総合説『*Systematics and the Origin of Species*（系統分類学と種の起源）』で、私はすぐにこれを自分が知っている分類学——生物の系統的分類の知識に応用した。たとえば宝石の色やワインの味など、きみがある特定のテーマに取り組んでいるとして、きみがすでに知っていることすべてが納得できそうな形でまとまっている理論的研究に出くわしたら、私と同じように目から鱗が落ちるような気持ちを味わうことだろう。

その後、ハーバード大の大学院生のときに、私は生物地理学の理論に関するすぐれた研究を発見した。私より上の世代の科学者たちにはたまにしか注目されていないのだが、ニューヨーク科学アカデミーの一九一五年の紀要に掲載されたウィリアム・ディラー・マシューの「Climate and Evolution（気候と進化）」という論文だ。著名な古脊椎動物学者で、アメリカ自然史博物館の哺乳類部門の学芸員であるマシューは、この論文のなかで哺乳類の起源と世界各地への拡散について大掛かりな構想を提案している。今の時代に優占種となるべく運命づけられていた哺乳類は北温帯のユーラシア大陸、だいたい現在のイギリスから日本までの陸地で誕生した、と彼は言う。そのような哺乳類は競争力にすぐれ、同じ生態的地位を占めていたかつての優占群を駆逐していった。だが、かつての支配者たちは完全に絶滅したわけではない。新参者がまだコロニーを作っていない地域では繁栄していた。現在のヨーロッパ、北アジア、北アメリカから成る広大な土地を車輪のハブにたとえると、熱帯アジアからアフリカ、オーストラリア、中南米は車輪のスポークに相当する。優占種はハブで誕生し、スポークを通じて拡散していった。マシューのこの論文が書かれた時代、彼の理論は事実に即していたように思われた。

北の優占群がよりすぐれているのは、季節のはっきりしている厳しい気候の土地で進化したためだ、とマシューは続けている。このような気候で生き延びるには、いろいろな面でのタフさと変化に対する適応能力が求められる。最も現代に近い時代に勝者となった者には、ヨーロッパや北米の人々なら誰でも知っているハツカネズミやネズミ（ネズミ科）、シカ（シカ科）、ウシ（ウシ科）、イタチ（イタチ科）、そしてもちろん我々（ヒト科）が含まれている。かつての優占種で現在は南のスポークに閉じこめられているのはサイ（サイ科）、ゾウ（ゾウ科）、そしてヒトを除く霊長類だ。

この記述が正しかろうと、誤っていようと、マシューの時代に入手できた証拠を考えれば正しそうに思われ（現在では事実と異なる部分がだいぶあるが）、私は彼の理論を地球規模の先史時代史とみなした。これは時空を最大限まで拡大した生物学だ。しかも私が選んだテーマである科学的自然史だ！

一九四八年、ハーバードの比較動物学博物館の昆虫部門で学芸員を務めていたフィリップ・J・ダーリントン（何年も後に私は彼の後任となる）は、爬虫類、両生類、淡水魚について別のストーリーを提示した。規模の点ではマシューの哺乳類に引けを取らない。マシューは定温動物である哺乳類が北温帯で誕生したと推定したが、ダーリントンは冷血脊椎動物の出身地をかつてヨーロッパの大半、北アフリカ、アジアに広がっていた広大な熱帯林や草原と考え、その後に種の多様性をかなり縮小しつつ大陸の南端へ、また北温帯の北部へと拡大していったと考えた。当時は化石研究の新たな波により、人類の起源はユーラシアではなくアフリカの熱帯サバンナだと判明してもいた。

私はマシューよりもダーリントンに育てられたようなものだが、ある重要な点でマシューは正しいとわかった。生態系の異なる地球上の陸地の大部分には、優占群の世界的パターンが実際に浮かび上がっていたのだ。

その後、世界大陸動物相というやはり大規模な理論が登場した。マシューとダーリントンが作り上げた全体的なテーマを踏襲するものだ。南米大陸は何十万年も孤立し、北米大陸との間には広い水路が存在していた。現在のパナマ海峡は太平洋とカリブ海をつないでいるが、かつてここは海中にあり、南北両大陸はそれぞれ孤立していたのだ。コウモリ以外の哺乳類は概して広い海を渡ることができない。その結果、南米の哺乳類は北米の哺乳類とは関係なく独自の進化を遂げたのだが、両大陸の動物相は外見も生態的地位も似たようなものへと収束していった。北米にはウマがいるが、南米にはウマに似た滑距目（かっきょもく）がいた。北米のサイやカバと瓜二つと言いたくなるのが、南米のトクソドンやバク、北のゾウと南の雷獣目やピロテリウム。トガリネズミ、イタチ、ネコ、イヌは程度の差はあるものの、南米のボルヒエナ科のさまざまなメンバーに当てはまる。北米の恐ろしい剣歯虎（サーベルタイガー）も、見た目がほぼ同様のものが南米にいた。もっとも、ある点で両者は大きく異なっていた。北米の剣歯虎が有胎盤なのに対し、南米のそれは有袋類だった（胎児は発育の途中で生まれ、育児嚢で育つ）。

陸上でこれほど大規模な進化の収束が見られた例は他にない。一千万年前の南アメリカに舞い戻り、大草原で野生動物を観察していると想像してみよう。今の時代に東アフリカで観光客がしているようなものだ。

よく晴れた朝早く、我々は湖のほとりに立ち、ゆっくりと辺りを見回している。植生は現代のサバンナとあまり変わらないようだ。湖ではサイに似た動物が腹まで水に浸かり、水生植物を食んでいる。岸辺ではイタチに似た大型の動物が変わった形のネズミを低木の茂みへと引きずっていき、穴のなかに姿を消した。そばの雑木林では、バクのような動物が木の陰にじっと立ち、辺りを見張っている。背の高い草むらのなかからネコに似た動物がいきなり飛び出し、動物の群れに襲いかかった——あれはなんだろう——ウマとまでは言えない。ネコに似た動物は口を百八十度近くまで大きく開け、ナイフのように鋭い犬歯が前方に突き出ている。ウマのような動物はパニックに陥り、四方八方に走り出した。その一頭がつまずき、そして……。

この独立した野生王国が滅んだのは今から百万年以上も前、まだ人類が誕生していないときだった。いっぽう、北アメリカに生息していた動物はほとんど絶滅せずに一万年前まで生き続けていた。その頃に狩猟技術に長けた人類がこの大陸にやって来て、大陸全体に広がっていった。アメリカの動物たちは、それぞれの大陸内で互いに釣り合いが取れていたように思われる。では、なぜ南の王国は滅び、北の王国は残ったのか？

生き延びることにかけて両者の差は歴然としていたため、生物地理学者たちは自然のバランスというものを意識しないわけにはいかなかった。大いに栄える似た者同士の王朝が鉢合わせしたらどうなるか？　これは興味深い問いかけだ。我々がもし神のように地質年代を操作できるのなら、理想的な実験は次のようなものになるだろう。世界の孤立した土地を二つ選び、その地に適応する動植物で満たし、大多数の種がそれぞれの舞台で生態学的にほぼ均衡を保てるようにする。次に、二つの地を橋でつなぎ、何が起きるか観察する。生物が混じり合ったとき、片方の舞台から来た生物はもう一方の生物にとって代わり、二つの地全域を単一の動植物相が占めるようになるのだろうか？

　この壮大な実験は一度だけ、地質年代の比較的新しい時代に行われた。我々は化石や現生種を比較することで、何が起きたのか多くのことを推測できる。今から二百五十万年前、太平洋とカリブ海を結ぶ水域でパナマ海峡が海上にせり上がり、南米の哺乳類が北米や中米の哺乳類と出会った。両大陸の種はそれぞれもう一方の大陸へと広がっていった。

　生物多様性の変化は、分類学上の科に最も顕著に表れる。哺乳類の科というと、たとえばネコ科、イヌ科、ネズミ科、ヒト科などだ。南米に生息している哺乳類の科の数は、北米とつながるまでは三十二だった。パナマ海峡により北米とつながって間もなく三十九にまで増え、やがて徐々に減っていき現在は三十五となっている。北米の動物相もよく似た経緯をたどり、孤立していた頃は約三十だったのが三十五にまで増え、そして三十三まで減っていった。一方の大陸からもう一方へと渡った科はどちらの大陸もほぼ同数だった。

こうした情報をすべて考え合せたとき、さらに新たな理論が誕生する礎が出来上がった。現状が乱された後になんらかの数値、たとえば体温、フラスコ内の細菌の密度、ある大陸の生物多様性などが上昇し、そして元のレベルまで下がった場合、そのシステムには平衡が存在するのではないかと生物学者は考える。南北アメリカ大陸のいずれも哺乳類の科の数が復元されているのは、そのような自然のバランスが存在すると指し示すものだ。これはつまり、二つの非常によく似た主要グループは完全に拡散した状況では共存しえないという意味で、多様性には限界があると言えそうである。両大陸の生態的同位種、つまり同じ生態的地位にある種を詳しく調べてみると、この結論を裏づける結果となった。南アメリカでは有袋類の大型ネコと、それより小型の有袋類の肉食動物は、同じ地位にある有胎盤の動物に取って代わられた。トクソドンはバクやシカに敗れた。それでも、なかにはそのまま生き延びた特殊な動物もいた――ワイルドカードのような動物だ。アリクイ、ナマケモノ、そしてサルは今日でも南アメリカで繁栄している。アルマジロは熱帯アメリカ全域に数多く生息しているだけでなく、生息域を合衆国南部全体にまで広げた唯一の種である。

南北大陸の生態的同位種が混合期に出会った地域では、概して北米種が優勢となった。少なくともこの地域に関しては、マシューの理論の正しさが証明されたのだ。また、属の数で判断すると、北米産哺乳類はより多様化していたことも判明している。属とは類縁関係にある種をまとめたグループで、属をまとめたグループが科となる。たとえばイヌ属はイエイヌ、オオカミ、コヨーテなどで構成されている。イヌ科には他にキツネ属、リカオン属（アフリカの野犬）、ヤブイヌ属（南米原産）などが含まれている。両大陸の生物が混在していた時代、北米でも南米でも属数は急激に上昇し、その後もずっと高い数値が続いている。南米では七十属ほどだったのが今日では百七十属に達している。属が増えたのは、世界大陸の哺乳類が南米に来てから種形成と拡散を行ったのが主な原因だ。古くから南米に生息していた哺乳類は、南米でも北米でもあまり多様化はできず、したがって西半球の哺乳類は全体として北の出身者が幅を利かせている。南米の科や属の半分近くは、過去二百五十万年の間に北米から移動してきたものの血を引いている。

なぜ北の哺乳類が勝者となったのか？　確かな答えを知っている者はひとりもいない。化石記録には複雑な出来事の数々が不完全な形で保存されているため、答えの大部分が見えてこない。古生物学者にとってはまさに戦場の霧、不確定要素が多すぎるのだ。問いはいまだに我々の目の前にある。進化生物学者は強迫観念に取りつかれたようにそこに舞い戻ってくる。私もそうだ。アマゾンのファゼンダ・ディモナで野営していたある晩、世界大陸原産の哺乳類に囲まれていたときに私は思った。「成功」と「優占」を構成しているものはなんなのか？

生物学における成功とは進化論的な概念だ。ある種が子孫に恵まれ末永く存在し続けること、と定義できる。ハワイに生息するミツドリの種としての寿命を測るとしたら、フィンチに近い祖先種が他種から分かれた時点から始まり、ハワイに拡散していく時期を経て、ミツドリの最後の種が絶滅する時までとなる。

いっぽう、優占とは生態学的および進化論的な概念だ。優占度を測るには、ある種群を類縁関係にある別の種群と比較して得られる相対存在度と、その種群が周囲の生物に及ぼす相対的影響を見るのがいちばん良い。一般的に優占群はより長い寿命を享受する傾向がある。個体数が多いという単純な理由により、どんな場所でも絶滅までは追い込まれにくい。また、同じ理由から、より多くの場所に定住して個体数を増やしていけるため、全個体が同時に絶滅する可能性が低い。優占群は潜在的な競合相手よりも早く土地に定着できることが多く、したがって絶滅のリスクがさらに低くなっている。

優占群は陸でも海でもより広範囲に拡散していくため、その個体は異なる生活様式を身につけ、いくつもの種に分かれる傾向がある。優占群は適応拡散をしがちなのだ。逆に言うと、ハワイのミツドリや有胎盤哺乳類のレベルまで多様化した優占群は、一種しか存在しないものよりも平均して〔種群の〕寿命が長い。まったくの偶発的効果なのだが、高度に多様化した群はより良いバランス投資ができており、おそらくは今後より長く存続していけるのだ。

一種が絶滅しても、異なる生態的地位を占める別の種は生き延びる可能性が高い。

北米原産の哺乳類は総じて南米の哺乳類よりも優占度が高いと判明した。そして結局は多様性も上回ったまま現在に至っている。両大陸の哺乳類が混合して二百万年、北米原産の王朝は今もなお広く栄えている。この不均衡さを解明するために、古生物学者たちはひとつの理論を作り上げ、広く受け入れられた。これは進化生物学的な理論、つまり最多数の事実と一致するおおざっぱな合意である。北米の動物相は南米ほど生息地が限られていなく、その環境も南米ほどの大きな差はなかった、と古生物学者たちは指摘する。北米の動物相は今日に至るまで世界大陸動物相の一部であり続け、アメリカ大陸を越えてアジア、アフリカ、そしてアフリカにまで広がっている。世界大陸は南北アメリカ大陸よりはるかに大きい。北米原産の哺乳類はより進化を迫られ、よりタフな競争者となり、捕食者や病気から身を守るすべに磨きをかけていった。このような利点があったため、彼らは他の動物との対決に勝てたのだ。また、アライグマや群れをなす野犬のように、徐々に入り込んでいった者もいた。その多くは生態的地位のすきまに潜り込み、堂々とふるまい始め、四方に広がり、急速に数を増やしていった。世界大陸の哺乳類は対決の場合でも、徐々に入り込む場合でも優位に立っていた。

ウィリアム・ディラー・マシューとフィリップ・ダーリントンが最初におおまかなスケッ

チを描いたこの理論の検証は始まったばかりだ。正しいのか間違っているのか、実証的な裏づけがきちんと得られるのかという点はさておいて、検証を行うことだけでも古生物学を生態学や遺伝学と結びつける新たな興味深い手法が期待できる。生物多様性の研究は他の分野へ、生物学的組織の他のレベルへ、そしてさらに時を越えて同心円状に拡大しつつあるため、このような分野の統合は今後も続いていくだろう。もしきみが動物や植物そのものに関心があるのなら、特に叙事詩や世界の対立といったものが好きなら、きみはこの分野に居場所を見つけられる。

十九通目

現実世界における理論

Theory in the Real World

事実も理論も膨大なものとなり複雑になったため、これから科学の世界に入っていくのは難しいときみは思っているかもしれない。研究も応用もチャンスはほとんど閉ざされ、わずかに残るチャンスは競争が激しく成功するのは難しい、しかも壮大な全体像に残る空白はほぼ埋め尽くされている、と心配しているのではないだろうか。もしそう思っているのならきみは間違っている。たしかに私の世代を含め、今までの時代に研究者たちが達成してきたことは数多い。だが、彼らはすべての道を閉ざしたわけでもなく、未知の領域すべてに足を踏み入れたわけでもない。それどころか、新たな領域を切り開いたのだ。科学の世界では答えのひとつひとつが新たな質問を呼び覚ます。これは重要な事実なので思いきり強調しておこう。科学では答えのひとつひとつが数多くの質問を生み出す。ニュートンがプリズムを日光にかざし、ダーウィンがガラパゴス諸島のマネシツグミに見られる形の変化を不思議に思うよりも前から、この事実は存在していたのだ。

次の有名な言葉を発したのもニュートンだ。彼は未来に目を向け、あらゆる科学者に向かってこう語った。「私が他の人より遠くまで見えるとしたら、それは巨人の肩の上に立っているからだ」。これから巨人と肩の話をしようと思う。

どこから始めようか。糸口となる時期はいくつかあるのだが、一九五九年十二月二六日にしよう。この日、ワシントンDCでアメリカ科学振興協会の年次総会があり、私は友人からロバート・H・マッカーサーを紹介された。当時ロバート（彼はボブと呼ばれるのを嫌った）は二十九歳、私は三十歳、お互い若い方だった。共に野心に満ち、科学が飛躍的進歩を遂げるチャンスをこの手でつかみたいと、人の目を気にしつつも狙っていた。マッカーサーは頭脳明晰で、影響力のある業績がすでにいくつかあり、理論生態学の新たなスターと広く認められていた。自然をこよなく愛し、鳥の専門家で、しかも数学者としても有能だった（私との関係ではこの点が非常に重要だった）。痩せ型で顔つきも性格もきつく、張り詰めた雰囲気を漂わせ、開放的ではなく、愚か者を寄せつけないところがあった。相手の肩に手を置き、背中をぽんと叩くようなタイプではなく、声を上げて笑うこともあまりなかった。彼とは長い時間を共に過ごしたが、お互い親しい友人にはなれずじまいだった。今になって振り返ってみると、マッカーサーも私も相手の性格を見極めきれなかったのだと思う。

エール大での彼の指導者はG・イブリン・ハッチンソン、今回の話に出てくる最初の巨人だ。ハッチンソンは生態学を進化生物学の現代総合説へと導いた人物で、才能ある教え子たちを熱心に指導すると有名だった。彼の指導のもと、すでにマッカーサーはコミュニティ組織における競争や生殖率の進化といった複雑な生態学的プロセスを単純な形に落としこみ、便利な数理解析が行えるようにして名を上げていた。出会ってから十年後、彼も私も米国科学アカデミー会員に選ばれた。このときもお互い異例の若さだった。一九七二年、マッカーサーは創造性を存分に発揮していたさなかに腎臓がんで亡くなった。彼の早すぎる死は科学にとって非常に大きな損失だった。

一九六〇年代前半、彼とは会合で会っていた。生態学と進化生物学については、理論においても野外調査においても刷新のチャンスに満ちており、今後もずっと続いていく可能性のある分野だと彼も私も思っていた。これはG・イブリン・ハッチンソンがいち早く告げた新しい概念なのだが、我々にはもうひとつ差し迫った動機があった。一九六〇年代までに分子細胞生物学の革命はすでにだいぶ進み、二十世紀後半はこの分野の黄金期となり、科学史上最大の変革期のひとつとなるのは明らかだった。分子生物学や細胞生物学が推し進められたのは、途方もないほど革新のチャンスがあったからだけではない。明らかに医薬品開発と関連していたため、巨額の資金が流れ込んでいたのだ。

マッカーサーも私も事態をはっきり認識していた。分子細胞生物学がもてはやされると、我々が扱っている生態学や進化生物学が相対的に軽視されることになる。我々には二重らせんに相当するようなものもなく、分子細胞生物学のように物理学や化学と直接のつながりがあるわけでもない。レイチェル・カーソンの『沈黙の春』が出版されたのは一九六二年だ。この作品は大きな反響を呼び、現代の環境運動が始まった。これは医薬品に匹敵する資金源になるかと思われたが、そのような恩恵を得るには時期が早すぎた。保全生物学や生物多様性の研究といった新しい分野が誕生したのは一九八〇年代に入ってからだ。

しかも集団遺伝学や、生態学の非常に抽象的な一部の原理を除き、我々には成熟した自然科学に期待されるような形でしっかり結びつけられるような概念がほとんどなかった。研究大学の学部に欠員があれば、分子生物学者や細胞生物学者が埋めていく。彼らは生物レベルや個体群レベルの生物学には関心がなく、我々の分野にわざわざ判断を下すとなれば、時代遅れで救いようのないほど非生産的だ、となる。生物学のフロンティアは物理学や化学の方へとはっきり左傾化したように思われた。新世代の生物学者たちは保守派を重要視していないというよりも、いつか時間の余裕が生じたら自分たちの方がより良い研究ができると思っていた。マッカーサーにも私にも他の若い生態学者たちにも道がなかったわけではない。進むのが困難だと判明したのだ。

ハーバードで私は窮地に立たされていた。のちに生物進化学科と呼ばれる学科の若い終身教授は私しかいなかった。年上でもっと有名な教授たちは、学問上の自分の庭いじりに夢中か、またはこの脅威に無関心か、対処する気がないかのいずれかだった。

「義務を負う貴族（ノブレス・オブリージュ）」〔特権は義務を伴うの意〕の最たる人物は、尊敬すべきジョージ・ゲイロード・シンプソンだった。二人目の巨人だ。古脊椎動物学の世界的権威で、現代総合説を作ったひとりでもある。彼は世界全体の動物相の進化と移動についてみごとな概念を考えついた。だが、人との関わりを避けることで有名だった。ハーバードに来たときすでに高齢で病気も抱え、少し前にアマゾンで木から落ちたため足が不自由でもあった彼は、比較動物学博物館の奥まった研究室にこもり、ひとりで仕事をするのを好んだ。あるときロバート・マッカーサーが生物学部にやって来たので、私はシンプソンに会わせようと面会の約束を取りつけた。世代を超えて一流の学者が相まみえるのだ。私はマッカーサーを大先生の研究室に案内し、その場から立ち去った。二人の会話を邪魔したくなかったのだ〔話のすべては後で聞けると期待していた〕。私は自分の研究室に戻り、書類の処理を始めた。十五分も経たないうちにマッカーサーが戸口に現れた。「先生はほとんど一言も話されなかった。話をしたくないのだそうだ」

シンプソンは寡黙であり、そしてこれは私の個人的な見方なのだが、ハーバードにおける生物学の知的不均衡に関心がない。じつは「進化生物学」という用語が導入された背景には、彼のこうした点が一役買っていた。一九六〇年、生態学や進化論に取り組んでいた生物学部のメンバーたちが、各人の研究を体系化しひとつにまとめるために委員会を立ち上げることにした。打ち負かされ、資金を削られた我々は、このままではじきに数でも負けることになる。最初の会合に私は早めに到着した。まもなくシンプソンもやって来て、私の向かいの席につき、(黙って)同僚たちを待っていた。

「テーマの呼び方ですが、何がいいでしょう?」私は思いきって訊いてみた。

「わからん」彼は答えた。

「〝真の生物学〟はどうでしょう?」私はユーモアを交えたつもりだった。沈黙が流れた。

「全有機体生物学は?」

返事がない。まあ、たしかにまずい名前だ。

私は少し間を置いてから続けた。「〝進化生物学〟はどう思われます?」

「いいんじゃないか」シンプソンは言った。おそらく私を黙らせたかっただけだろう。

他のメンバーがぼちぼち入り始めた。全員がそろったところで、私はタイミングを逃さずに言い放った。「私たちが扱う全体テーマは〝進化生物学〟と呼ぶのがふさわしい、とジョージ・シンプソンと私は合意しました」。その場で思いついた名称だった。

シンプソンは何も言わず、我々のグループは進化生物学委員会とすぐに決まった。やがてこれは進化生物学部という正式名称になった。科学分野の名称がこうして誕生したのだ。もっと早い時期にどこか別の場所でこの名が誕生していたかもしれないが、私は聞いたことがない。少なくとも、名称が最も必要とされる時に、最も影響力のある使い方をしたと言えるだろう。

科学の革新を推し進める力には羨望や不安も含まれる。きみもこういうものを少々味わっても害にはならないだろう。マッカーサーと私は、今や進化生物学と我々が呼んでいるものとその下位区分でより定量的な集団生物学に、分子細胞生物学に劣らぬ厳密さが求められると認識したことで、新理論を打ち立てたいという思いをいっそう募らせた。我々に必要なのは数量化理論の作成であり、その理論から生じて実際の現象と鮮やかに結びつくような概念を確実に検証することだった。我々が力を注いでいる分野では、優秀さを保証するものが相対的に少なかった。そういうものを真剣に探すときが来たのだ。

私は今まで訪れた世界の島々についてマッカーサーに語った。島が種の形成と地理の関係を調べる研究に使われていることも。このテーマの複雑さに彼が怖じ気づいていないことはわかっていた。彼は種数面積曲線に心が大きく傾いていたのだ。私自身もこれの構想を練っていた。種数面積曲線とは、主に西インド諸島や西太平洋に浮かぶ群島内のさまざまな島の地理的領域（一平方マイル、一平方キロメートル単位など）と、各島で見られる鳥、植物、爬虫類、両生類、またはアリの種の数を単純な形で示すものだ。ひとつの島から次の島へと面積が大きくなると、種数の増加率はおよそ四乗根となる。たとえば、ある群島内のひとつの島の面積が同じ群島内の別の島の十倍あるとすると、種の数は約二倍となる。また、島が本土から離れるにつれ、種数は本土に近い島よりも減っていくこともわかっていた。

平衡の話をしていたとき、私が本土に近い島と遠い島を「飽和状態」にあるという言い方をしたところ、マッカーサーは「この点について少し考えさせてくれ」と言った。彼なら何か思いつくと私は信じていた。複雑なシステムを分解してより単純なものにすることにかけて、マッカーサーが創意に富んでいる証拠を私はすでに見ていたからだ。

彼はまもなく手紙をよこし、次のように書いてきた。

「何も生息していない島から始めよう。種で埋めつくされていくにつれ、他の島から外来種として渡ってくる種は減っていき、移入率が下がる。また、種で埋めつくされていくにつれ、島は満員状態となり、各種の平均個体数も減る。その結果、種の絶滅率は高くなる。したがって、島が種で埋めつくされていくにつれ、移入率は下降し、すでに生息している種の絶滅率は上昇する。この二本の曲線が交わるところは絶滅率と移入率が等しく、種数は平衡状態にある」

彼はさらに続けた。小さな島では種の過密状態がより深刻となり、絶滅率曲線は急勾配となる。本土から遠く離れた島では他からの移入がより少なく、移入率曲線はゆるやかになる。どちらの場合も結果は同じで、平衡状態になる種数はより少なくなる。

一九六七年、マッカーサーと私は生態学、集団遺伝学、そして野生動物管理学にまで手を広げ、かき集めたデータひとつひとつにこの単純なモデルを当てはめては組み合わせていった。ベストを尽くして出来上がったのが『*The Theory of Island Biogeography*（島嶼生物学理論）』である。この本は刊行当時から現在に至るまで、理論を構築するのに使った諸分野に少なからぬ影響を与え続けている。また、刊行から何十年も経ってから保全生物学という新たな分野が誕生したが、それにも一役買っている。これはきみにぜひ覚えておいてもらいたい原則の良い例だ――研究する際には問題をできるだけ正確に定義し、場合によってはそれを解くために必要なパートナーを一人か二人選ぶこと。

それでも、私はこの共同作品に完全に満足したわけではなかった。執筆していたときから、このような理論はどうやって検証するのかと自問していたのだ。我々が予見した平衡状態が実現するには何世紀もかかるかもしれない。となると、キューバやプエルトリコ、西インド諸島を舞台にどのような実験ができるというのか？　そんな実験をする者はいない。別の、もっとやりやすいシステムを探す。先の手紙に書いた科学研究のもうひとつの原則を思い出してもらいたい。どんな問題にもその解決に理想的なシステムが存在する、という原則だ。生物学ではたいていある特定の生物種となる。分子遺伝学の問題を解くには大腸菌といった具合に。私は高次の生物学的組織を探していた。理想的な生態系が必要だった。

私は二つの強い欲求に駆られていた。理由はなんであれ、島での研究を続けたかった。生物地理学でまったく新しい何かをしてみたくもあった。操作できるほど小さな生態系を選べば、この両方とも達成できるかもしれない。

そのときふと解決策が思い浮かんだ。昆虫がいるではないか――しかも私の専門だ。生物地理学は今まで哺乳類や鳥類その他の脊椎動物を対象としてきたが、これと比較すると昆虫は大きさでは顕微鏡的と言えるほどで、体重も脊椎動物がグラム単位かそれ以上となるのに対し、昆虫はほんの数ミリグラムかそれ以下だ。昆虫が何世代にもわたり生息し繁殖できる小島はたくさんある。鳥類や哺乳類を研究する場合、キューバ、バルバドス、ドミニカ程度の大きさの島がひとつか数個となるが、一ヘクタール以下の島なら世界中に何十万もある。昆虫、クモ、他の無脊椎動物の各相をなんとかして変え、その移入率と絶滅率を測定できないものだろうか。そうして得られたデータから多様な検証法を考え、仮説を検証し、理論そのものを評価し、新たな現象を発見する。

私の想像のなかで新たな世界が広がっていった。小島が完璧な生態系モデルに思えてならない。私は実験室を探した。大小さまざまな小島が点在し、本土から近い島も遠い島もあることが条件だ。そんなミクロ的群島がどこにあるだろう？　私は詳細な地図で調べた。アメリカの大西洋に面した東海岸、南部のメキシコ湾岸諸州、岩が隆起しているメイン州の海岸、ボストン湾に浮かぶハーバー・アイランド、カロライナ、ジョージア、フロリダ各州の防波島、そして西部の湾岸諸州。いずれもハーバード大から一日あれば行ける。決定に時間はかからなかった。フロリダキーズやフロリダ湾に多数存在する熱帯の島だ。

「頑丈な」結論（科学者は好んでこの言い方をする）を引き出すためには、島をゼロの状態にして実験を始める必要があった。昆虫がまったく存在しない状態だ。私はフロリダキーズの最も外側に位置するドライ・トートゥガスの小さな島々に目をつけた。外端のジェファーソン砦以外はほぼすべて無人島で、植物はわずかに点々と生えている程度、生息している昆虫や他の無脊椎動物の種数は比較的少ない。ここの島々は単純さが魅力だった。ハリケーンが通るたびに陸生動物は一掃されるのだ。

一九六五年、私は大学院生を連れてドライ・トートゥガスを調べに行った。数島の植物すべての地図を作り、見つけた昆虫その他の無脊椎動物をすべて記録した。次のハリケーン・

シーズンは一九六六年だったが、このときは一度ならず二度もハリケーンがドライ・トートゥガスを通過した。通過後すぐに我々は島に戻った。案の定、島には植物や陸生動物の影も形もなかった。

主な問題は解決したかに思えたが、私はドライ・トートゥガスを使うことに疑問を抱き始めていた。永続的な価値のある上質の実験、つまり他の人々が楽に再現できるような実験を行うためには、もっと良い実験室が必要だと感じたのだ。ドライ・トートゥガスを構成している島々より多くの島がある場所がいい。さらに、種の一掃は天気任せではなく、自分で行う方がいい。駆除剤を使うのがいちばんだろう。他の島々は実験場となる島にそっくりで、種を排除しないだけで同じ扱いをする。しかも、動物相はもっと多い方がいい。ドライ・トートゥガスの動物相は非常に小さく、生態系の寿命も非常に短いため、植物相も動物相も乱数発生器となってしまう。もっと大きな動物相が、もっと典型的な自然生態系が、そしてもっと天候にかき回されない島が必要だ。

どうやって目的を達成したかをきみに伝える前に、さっき言ったことをもう少し補強しておきたい。成功する研究は数学的能力に依存しないものだ。理論の深い理解にも依存しない。重要な問題を選び、その解き方を見つけることに成功は大きくかかっている。最初は完全でなくてもいい。野心と先取の精神に駆り立てられたとき、すぐれた才気を打ち負かすことがよくある。

　私は生物地理学のこの問題をどうしても解いてみせると心に決めていた。解いているさなかに新たな技法を開発するという難題に取り組むのは胸躍る思いだった。ドライ・トートゥガスの北方、マングローブの生い茂るフロリダ湾の小島には私に必要なものがあった。しかもたくさんあった。フロリダ湾北端の島々がテン・サウザンド諸島（一万の島の意）と呼ばれるわけを考えればわかるだろう。一ダースほどの島から無脊椎動物を排除しても、フロリダ湾全体のマングローブ生態系への悪影響は微々たるもので、じきに回復する。

　この時点で私は教え子の大学院生で数学に強いダニエル・S・シンバーロフに協力を求めた。彼をパートナーに選んで正解だった、と私はすぐに悟った。マッカーサーと組んだときもそうだったが、シンバーロフの数学は私自身の自然史研究にうってつけだったのだ。我々は未知の世界に共に立ち向ううちに、教師と学生というよりも同僚と呼ぶにふさわしい関係になっていった。マングローブや他の植物を傷つけずに無脊椎動物すべてを排除する方法を見つけるべく、我々は少しずつ進んでいった。失敗談やスタートで誤った話は省くことにする。我々はじつにシンプルで明快な方法を思いついた。害虫駆除会社の人を雇い、島全体をテントで覆って燻蒸消毒したのだ。言うのは簡単だが、作業は楽ではなかった。我々はチームとして作業したのだが、浅瀬にテントの骨組みを立てる方法も、分散性殺虫剤の種類と使用量も手探りで考えていかなければならなかった。にかわのような泥のなかを歩くのも、満潮時に島のすぐそばで泳いでいるメジロザメは人を襲わないと作業員たちに説得するのも苦労した。

シンバーロフと私は種を正確に同定するために、無脊椎動物のさまざまなグループの専門家ネットワーク——甲虫、ハエ、ガ、樹皮シラミ、クモ、ムカデなど——も作らなければならず、これは特に大変だった。

その後二年間、外来種の移入と絶滅種のモニタリングを行い、種の再移入は平衡モデル通りと判明した。私は心底ほっとした（シンバーロフもそうだ。この研究で自分が受けもった部分から博士論文を書かなければならなかったのだから）。我々はまた、移入プロセスそのものについても多くを学んだ。理論から実験へというこの冒険全体は、私の科学者人生のなかで最も満足できる経験のひとつとなった。

きみも研究者として生きていく間にこんなチャンスを見つけ、思いきってやってみることが一度や二度でもあったらと願っている。ダニエル・シンバーロフと私は巨人の肩の上に立ち、ほんの少し遠くまで見ることができた。

V
事実と倫理

Truth And Ethics

二十通目

科学の倫理

The Scientific Ethic

きみへの最後の助言となった。きみが研究を行い発表をするうえでのふさわしい態度について語ることで締めくくりとしたい。

おそらくきみは科学者として仕事をしている間に、人工生命体を作ることや、チンパンジーに外科的な実験を行うことの是非を問われるような、主に哲学的な問題に苦しめられることはないと思う。それよりも、きみが下す道徳的な決定のほとんどは他の科学者との関係に関わるものだろう。「のんびり」というレベルを超え、起業家精神を発揮して努力していると、失敗のリスクとは別の困難が生じてくる。競争の激しい舞台へと押し上げられることになるはずだ。きみはそういう状況に対し、心の準備ができていないかもしれない。同じ道を選んだ他の研究者との競争に巻きこまれる。設備も資金も恵まれた他の人が先にゴールに到達するのでは、と不安になる。複数の研究者が新しい重要な分野を同時に作り上げたときは、皆の気持ちが高揚し、互いに協力し合う黄金期がよく訪れるものだが、その後に別のグループが同じ発見を追跡調査するようになると、いくばくかのライバル意識や嫉妬が生じるのは避けられない。成功すれば、穏やかなライバルと容赦ないライバルに囲まれる。噂や秘密にしておきたいことを流されたりもする。べつに驚くような話ではない。ビジネス界での起業家だって競争相手に叩かれるのだ。科学者は別だとどうして言えよう？

いいかい、いちばん大切なのはきみ独自の発見だ。もっと強い言い方をしよう。大切なのはそれだけだ。それが科学における金銀財宝だ。したがって、それに対する適切な称賛はモラルの点で必要というだけではなく、自由な情報交換を行うためにも、科学界全体としての友好を育むためにも欠かせない。研究者はたとえ一般社会からは認められなくても、自分が選んだ分野の同僚からは独自の研究が認められることを求めてしかるべきだ。そのような研究によって、昇進したり何かの賞を受賞したりして喜ばない科学者に私は出会ったことがない。誰もが心から喜んでいた。映画俳優のジミー・キャグニーが自分の仕事について語っていたように、「実力は人の評判がすべてなのだよ」

秘密の研究室にひとりこもって仕事をしている偉大な科学者などというものは存在しない。したがって、文献を読んで引用する際はあくまでも厳正な姿勢を崩さないことだ。称賛してしかるべきことは褒め称え、立場が逆になった場合は同じ態度を人に期待する。慎重に吟味し、正直に褒めることは非常に大事だ。同僚をなんらかの賞に推薦するのは、科学者の間では利他行動として比較的珍しい部類に入るが、たとえそうするのが難しくても、怖じ気づかず思いきって行動に移したいものだ。ただ、相手がライバルの場合、特にきみが好きになれない人物で、きみ自身の真価が認められないかもしれない場合、その人物を推すのは気高い行為ではあるが、そこまではきみに求めていない。推薦は他の人々に任せ、きみは歯を食いしばり、その人物にお祝いの言葉をかけるだけで十分だ。

間違いは誰でも犯すものだ。大きな間違いをしないよう気をつけたまえ。どんなミスであっても、ミスだと自分で認めて気持ちを切り替えること。報告上の単純なミスは、公の場で訂正すれば赦される（一流雑誌の少なくとも一誌には訂正専門の部がある）。研究結果を完全に撤回する場合は、潔くそうすれば永久的なダメージにはならないだろう。明確な証拠と論理によって間違いを教えてくれた科学者に礼を述べる場合は特にそうだ。ただし、不正行為はけっして赦されない。不正を行った報いは研究者生命の死だ。科学界から追放され、二度と信用を得ることはない。

実験結果に確信がもてなければ、その実験を繰り返す。そのための時間や資金がないのであれば、その研究自体をあきらめるか、誰か他の人に渡す。事実であるのは確かなのだが結論に確信がもてないというのであれば、そう言えばよい。実験を繰り返して確認する機会も資金もないのなら、確信をもてないという気弱な言い回しを恐れずに使うことだ。「〜と思われる」「〜と見受けられる」「〜が示唆される」「〜もありうる」「可能性が出てくる」「おそらく……だろう」などの表現だ。きみの研究結果が価値あるものなら、きみが発見したと思っているものについて、他の人々がそれを裏づけるなり、反証するなりして、成果を全員で分かち合うだろう。これはだらしないことではない。立派な職業上の行為であり、科学的方法の核心に忠実な方法である。

最後に、何よりも真実を追究するために科学の世界に入ったことを忘れないように。きみの業績によって、検証可能な新たな知識や、検証可能で科学の財産として統合される情報が増え、賢く利用される。このような知識それ自体が害を及ぼすことはありえないが、歪められた場合に害になりうるのは歴史が何度も証明してきた。イデオロギー信奉者に利用されると破滅的な結果を招きかねない。必要と判断したときは行動を起こすことだ。専門の知識を備えたきみならきわめて大きな成果をもたらせるだろう。だが、科学界のメンバーたちから授かった信用をけっして裏切らないよう気をつけたまえ。

訳者あとがき

本書の原題は『*Letters to a Young Scientist*』、リルケの『若き詩人への手紙（*Letters to a Young Poet*）』が下敷きとなっている。科学者をめざす架空の若き「きみ」に宛てた二十通の手紙には、著者が生物学者として半世紀以上も生きてきたなかでつかんだ、科学者として成功するための秘訣が語られている。自伝的エッセイでもあり、アリに関する興味深い話も多く、科学への招待状でもある本書は、たとえ若くない読者でも楽しめることだろう。

著者エドワード・オズボーン・ウィルソン氏はアリを専門とする昆虫学者であり、ナチュラリスト、進化生物学者、社会生物学者等々いろいろに呼ばれている。生物多様性の重要性を世に訴えかけた中心的人物のひとりでもある。だが、彼の本質をひとことで言い表すなら「少年」だろう。左の写真は一九四二年、アラバマ州モービルで撮影された十三歳のウィルソン少年の姿と、二〇一二年、モザンビークのゴロンゴサ山頂で撮影された八十三歳の姿だ。いろいろな虫を見つけたい、もっと知りたいという昆虫大好き少年の純粋な情熱を、八十歳を過ぎた今もそのまま持ち続けている。だから八通目のタイトルは「私は変わっていない」なのであり（これを言いたいがために、右側の写真はおそらく氏がカメラの前でポーズを取ったのではないかと思われる）、氏が本書で何よりも強調しているのは情熱なのだ。胸の熱い火を絶やさずにいる人は、自ら選んだ道を突き進んでいける。たとえ道

Ellis MacLeod, 1942

©Piotr Naskrecki, 2012

の途中に障害があっても、図太く、知恵を働かせて乗り越えていく。その勇気は、深い知識に裏打ちされた自信から生まれてくる（これはなにも科学の世界に限った話ではないだろう）。本書の魅力のひとつとして、ウィルソン氏の生きる姿勢が垣間見えることもお伝えしておきたい。

　だが、彼の関心は専門のアリだけにとどまっていない。アリの進化について研究するうちに進化生物学なる分野を作り、さらにアリの社会性から視点を人類へと転じていく。人の社会行動を遺伝子レベルで考察した『社会生物学』を発表した当時の騒動については五通目の手紙で触れられている。同じ流れでこの後に出版された『人間の本性について』はピューリッツァー賞を受賞した。また、生態系の視点から人類の行く末を案じ、『生命の多様性』『生命の未来』『創造』等を著している。四通目には宗教と科学の話が出てくるが、これは進化論を受け入れず、あらゆる生物は神が創られたものとするクリスチャンに向けたメッセージで、この点については『創造』の訳者あとがきで慶應義塾大学の岸由二教授が詳しく解説され、ウィルソン氏の小説『*Anthill*（アリ塚）』についても言及されている（岸教授は『人間の本性について』も訳されている。社会生物学について知りたい方はこの本の巻末の解説もぜひお読みいただきたい）。エッセイとしては自伝『ナチュラリスト』、科学にまつわる『バイオフィリア』『生き物たちの神秘生活』などが挙げられる。バイオフィリアとは人が他の生物に関心を抱く本能だという。そしてさらにウィルソン氏は人類の来し方行く末に思いをはせ、科学、社会科学、人文学という知の統合を論じてもいる。本書でも軽く触れられているが、詳しくは『知の挑戦』『人類はどこから来て、どこへ行くのか』をご覧いただきたい。最新の著作『*The Meaning of Human Existence*』（二〇一四年、未邦訳）もこの流れに沿って書かれている。

業績は多岐にわたり、スケールも大きなものだが、すべてはアリの研究という太く頑丈な幹から枝分かれしているところが彼の強みだろう。本書のなかでウィルソン氏は想像力、空想、夢を見ることの意義を繰り返し語っている。また、自分の専門については大家となるべく猛勉強する必要性も説いている。その両方があって、初めて独創的な仕事ができるのだろう（これも科学に限った話ではなさそうだ）。氏自身、知識を深めつつ想像力を駆使してこられたにちがいない。本書を読み、主な著作にざっとではあるが目を通していちばん強く感じたのはこの点だった。

生物は人類が誕生するはるか以前から、環境に適合して生き延びるべく進化してきた。驚くほどみごとな共生関係を築き上げた種もいれば、他の種に養ってもらうちゃっかりした種もいる。その生態を知れば知るほど、生き物に対する驚異の念、いとおしみ、愛情が強まっていくような気がする。せっかくここまで進化して生きてきたのだ、人間の活動のせいで絶滅に追いこまれないでほしいと願う。だが、人間もまた生き延びていかなければならず、そのためには土地も資源も必要なのだ。だが、人間が生存できる環境を作っているのは「世界を動かす小さき者たち」だという。ウィルソン氏は人間と自然が共存するために、南北アメリカ大陸を縦断するグリーンベルトを作ってはどうかと提言もしている。その実現可能性はともかく、社会を変えていかないとだめだと感じた彼は、著作や講演を通じて積極的に発言している。自分の研究室にこもり、自分の専門の庭いじりを楽しんでいるだけではない。二十通目の手紙の最後に「必要と判断したときは行動を起こすことだ」と書かれている。エドワード・ウィルソン氏は行動の人だ。その点を私は何よりも尊敬する。

私事になるが、子どものころは虫が大好きだった。高校時代は生物学者になりたいと思っていた。

そうならなかったのは数学のせいなのだが、当時この本を読んでいたら、夢を捨てずにすんだだろうか？　わからない。でも、翻訳の仕事はとても好きだ。今回、仕事を通じて生物学の巨人の足跡を追っていくことができ、本当に幸せだった。

本書に登場するアリの一部については、琉球大学の辻和希教授に標準和名をご教示賜った。『蟻の自然誌』を共訳されている方で、とても快く教えていただき、この場を借りて改めて御礼申し上げる。（アリに関して、また、アリ以外のことに関しても、もし不適切な訳があれば、責はすべて訳者にある。）

この仕事を与えてくださった創元社の矢部敬一社長に、そして読みやすく美しい本に仕上げてくださった同社編集部の橋本隆雄氏に心より御礼申し上げる。

北川　玲

二〇一五年一月

著書一覧

The Theory of Island Biogeography, with Robert H. MacArthur（1967）

The Insect Societies（1971）

A Primer of Population Biology, with William H. Bossert（1971）邦訳『集団の生物学入門』（巌俊一・石和貞男訳、培風館、一九七七年）

Sociobiology: The New Synthesis（1975）邦訳『社会生物学』（合本版、伊藤嘉昭ほか訳、新思索社、一九九九年）

Caste and Ecology in the Social Insects, with George F. Oster（1978）

On Human Nature（1978）邦訳『人間の本性について』（文庫版、岸由二訳、筑摩書房、一九九七年）＊ピューリッツァー賞、一九七九年

Genes, Mind, and Culture: The Coevolutionary Process, with Charles J. Lumsden（1981）

Promethean Fire: Reflections on the Origin of the Mind, with Charles J. Lumsden（1983）邦訳『精神の起源について』（松本亮三訳、思索社、一九九〇年）

Biophilia（1984）邦訳『バイオフィリア』（狩野秀之訳、平凡社、一九九四年）

Success and Dominance in Ecosystems: The Case of the Social Insects（1990）

The Ants, with Bert Hölldobler（1990）　＊ピューリッツァー賞、一九九一年

The Diversity of Life（1992）邦訳『生命の多様性』（大貫昌子・牧野俊一訳、岩波書店、一九九五年）

Naturalist（1994）邦訳『ナチュラリスト』（荒木正純訳、法政大学出版局、一九九六年）

Journey to the Ants: A Story of Scientific Exploration, with Bert Hölldobler（1994）邦訳『蟻の自然誌』（辻和希・松本忠夫訳、朝日新聞社、一九九七年）

In Search of Nature（1996）邦訳『生き物たちの神秘生活』（廣野喜幸訳、徳間書店、一九九九年）

Consilience: The Unity of Knowledge（1998）邦訳『知の挑戦』（山下篤子訳、角川書店、二〇〇二年）

Biological Diversity: The Oldest Human Heritage（1999）

The Future of Life（2002）邦訳『生命の未来』（山下篤子訳、角川書店、二〇〇三年）

Pheidole in the New World: A Dominant, Hyperdiverse Ant Genus（2003）

From So Simple a Beginning: Darwin's Four Great Books, first editions reprinted with introductions（2005）

Nature Revealed: Selected Writings, 1949-2006（2006）

The Creation: An Appeal to Save Life on Earth（2006）邦訳『創造』（岸由二訳、紀伊國屋書店、二〇一〇年）

The Superorganism: The Beauty, Elegance, and Strangeness of Insect Societies, with Bert Hölldobler（2009）

Kingdom of Ants: José Celestino Mutis and the Dawn of Natural History in the New World, with José M. Gómez Durán（2010）

Anthill: A Nobel（2010）

The Leafcutter Ants: Civilization by Instinct, with Bert Hölldobler（2011）邦訳『ハキリアリ』（梶山あゆみ訳、飛鳥新社、二〇一二年）

The Social Conquest of Earth（2012）邦訳『人類はどこから来て、どこへ行くのか』（斉藤隆央訳、化学同人、二〇一三年）

Why We Are Here: Mobile and the Spirit of a Southern City, with Alex Harris（2012）

The Meaning of Human Existence（2014）

著者紹介

エドワード・O・ウィルソン
Edward O. Wilson

世界屈指の生物学者のひとり。科学の二分野「島嶼生物地理学」「社会生物学」および三つの概念「バイオフィリア（生物に対する愛情の意）」「生物多様性」「コンシリエンス（自然科学と人文科学の統合の意）」を創り上げ、地球上の生物多様性の研究において大きな貢献をしている。二度のピューリッツァー賞をはじめ、アメリカ国家科学賞、クラフォード賞（生態学分野。スウェーデン王立科学アカデミーが授与する賞でノーベル賞に相当）、日本の国際生物学賞、イタリアのノニーノ賞など、受賞歴は百を超える。著書多数。ハーバード大学名誉教授。妻アイリーンとマサチューセッツ州レキシントンに住む。

訳者紹介

北川 玲
Rei Kitagawa

翻訳家。訳書に『注目すべき125通の手紙』『CIA極秘マニュアル』『天才科学者のひらめき36』（いずれも創元社）など多数。

若き科学者への手紙——情熱こそ成功の鍵

二〇一五年二月二〇日　第一版第一刷発行

著　者　エドワード・O・ウィルソン
訳　者　北川 玲
発行者　矢部敬一
発行所　株式会社 創元社
http://www.sogensha.co.jp/
〔本社〕
〒五四一−〇〇四七 大阪市中央区淡路町四−三−六
電話（〇六）六二三一−九〇一〇（代）
〔東京支店〕
〒一六二−〇八二五 東京都新宿区神楽坂四−三煉瓦塔ビル
電話（〇三）三二六九−一〇五一（代）

装訂・組版　大西未生（株式会社ザイン）
印刷所　株式会社 加藤文明社

ISBN978-4-422-40024-2　C0040